U0315030

普通高等教育“十四五”规划教材

现代冶金试验研究方法

主　编　杨少华
副主编　杨　亮　陈　功　彭家庆

北　京
冶　金　工　业　出　版　社
2024

内 容 提 要

本书共分 6 章，第 1 章介绍冶金试验研究的种类及选题，为开展研究提供思路和基本条件上的准备；第 2 章介绍了文献资料检索，主要介绍文献的来源，基本检索方法，数字图书馆，冶金领域相关的书籍、期刊、专利、网址等内容；第 3 章介绍试验方案的设计，主要是正交试验的设计，对试验结果进行极差分析和方差分析；第 4 章介绍试验可能需要的基本条件，如高温、高压、真空和气氛控制；第 5 章介绍试验样品的制备，矿样、金属样、水样和气体样品制备技术和注意事项，为准确分析提供保障；第 6 章介绍试验结果的处理和分析，误差及其传递、数据的取舍以及数据的分析和拟合方法。

本书可作为本科生和研究生的教学用书，也可供从事冶金研究工作的工程技术人员阅读。

图书在版编目(CIP)数据

现代冶金试验研究方法/杨少华主编．—北京：冶金工业出版社，2021.7（2024.1 重印）

普通高等教育“十四五”规划教材

ISBN 978-7-5024-8829-1

Ⅰ.①现…　Ⅱ.①杨…　Ⅲ.①冶金—试验—研究方法—高等学校—教材　Ⅳ.①TF-33

中国版本图书馆 CIP 数据核字（2021）第 100631 号

现代冶金试验研究方法

出版发行　冶金工业出版社　　**电　　话**　(010)64027926

地　　址　北京市东城区嵩祝院北巷 39 号　　**邮　　编**　100009

网　　址　www.mip1953.com　　**电子信箱**　service@mip1953.com

责任编辑　张熙莹　美术编辑　彭子赫　版式设计　郑小利

责任校对　王永欣　责任印制　窦　唯

北京富资园科技发展有限公司印刷

2021 年 7 月第 1 版，2024 年 1 月第 2 次印刷

710mm×1000mm　1/16；9.25 印张；179 千字；140 页

定价 36.00 元

投稿电话　**(010)64027932**　**投稿信箱**　**tougao@cnmip.com.cn**

营销中心电话　**(010)64044283**

冶金工业出版社天猫旗舰店　**yjgycbs.tmall.com**

（本书如有印装质量问题，本社营销中心负责退换）

前　　言

近年来，我国冶金工业获得了突飞猛进的发展。冶金领域出现的新思路和新技术迫切需要大量的冶金人才和试验研究方法的跟进。为适应冶金工程专业发展、学科建设和人才培养的需要，结合当前试验研究方法的更新，编者根据自己多年的教学经验编写本书，期望本书的出版能够在一定程度上满足现代冶金试验研究方法的更新和人才培养的需要。

本书共分6章，涵盖了冶金试验研究工作的选题、文献资料检索、试验方案的设计、试验条件获得、试验样品的制备、试验数据的处理和拟合。全书根据试验的整个流程和现代冶金试验研究的具体内容进行编写，力求通俗易懂和有章可循。对于试验分析仪器和原理，本书没有进行介绍，读者可另外进行查找相关书籍阅读。每章的后面附有复习思考题，方便读者复习和自学。

本书由杨少华负责统稿和定稿，由杨少华、陈功审阅。陈功负责编写第1章和第2章，杨亮负责编写第3章，彭家庆负责编写第4章，杨少华负责编写第5章和第6章。编写过程中参阅了国内相关书籍和资料，对这些书籍和资料的作者表示感谢。在本书编写过程中，得到了田亚斌、黄晶明、张晓虎、文棠根、闵定伟等研究生的支持和帮助，本书的出版得到了江西理工大学的资助，在此表示衷心感谢。

鉴于编者水平有限，书中不足之处，恳请广大读者批评指正。

编　者

2020年11月

目　　录

1 冶金试验研究种类及选题

1.1 科学研究种类及流程

科学是人类所积累的关于自然、社会、思维的知识体系，是从实验中发展起来的对具体的事物及其客观规律系统化的认识。没有对自然界的观察和实验也就不能发展科学。科学研究旨在认识客观事物的内在本质和运动规律，基本任务就是探索和认识未知，其过程包括观察→假设→推论→实践→理论。实验是科学研究的基本方法之一，是为了检验某种科学理论或假设而进行的某种操作或从事的某种活动。要把一个问题研究清楚，常常要进行多次实验。实验既是掌握理论的重要环节，又是将掌握的知识应用于实际的桥梁。科学的实际运用离不开试验。试验是为了解事物的性能或事件的结果而进行的尝试性活动，是发展新技术、新方法的基本手段。随着工业生产技术的发展，试验研究的先导作用和推动作用越来越显著。

科学研究基本上可以归纳为基础研究、应用研究和应用基础研究三个方面。冶金基础研究主要是为了探索和认识所要研究对象的内在规律，通常不考虑实际应用问题，一般包括热力学性质的研究、反应动力学的研究、化学平衡的研究等。冶金应用研究主要以使用为目的，探明科学知识具体应用的可行性，一般包括新工艺和新设备的研究、改革现有工艺流程和改进现有生产设备的研究、强化生产过程提高产品质量的研究以及原材料综合利用和环境保护的研究等。冶金应用基础研究是将科学技术知识最终转化为生产实践的试验过程，在较短期间内取得技术突破的基础性研究，具有明确的应用前景。

根据研究的具体科学问题，试验研究工作可以归纳为以下四类：

（1）工业生产中已经或即将遇到的理论问题和实际问题；

（2）在科学技术发展中原有的理论与新的试验结果之间暴露出来的新矛盾；

（3）在科学技术发展和国家长远性规划中需要解决的重大课题；

（4）交叉学科和前沿科学中暂时还看不到任何实际用途，但具有重大科学价值的基本理论研究课题。

其中前三类工作主要对准工业化生产和国家发展需要，具有“需求牵引、突破瓶颈”的科学问题属性和现实研究价值，课题研究量最大。

试验研究工作的开展一般也需要按照一定的程序进行，这样才可以获得事半功倍的效果。研究工作程序大致可分为课题选定、试验研究和成果编写三个部分，包括选题、查阅文献资料、制定试验方案、准备试验、试验和编写研究报告等环节，如图 1-1 所示。

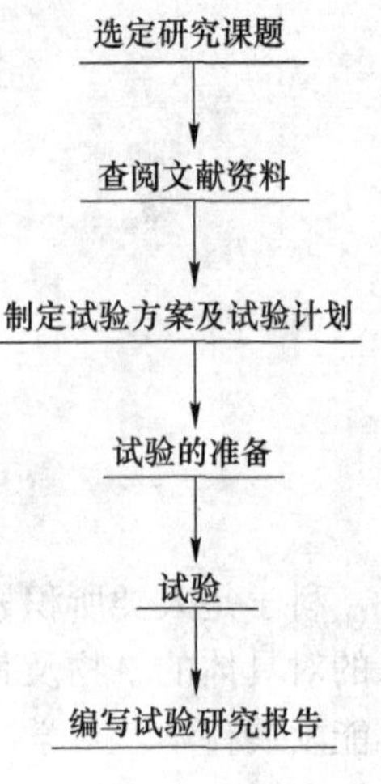

图 1-1 试验研究工作的程序

1.1.1 课题选定

选题是进行科学研究的第一步。它直接影响研究工作能否完成以及该项研究工作有无价值，是具有重大意义的工作。一个好的研究课题应具有需要性、科学性、创造性和可研究性的特点。

查阅文献资料是进行试验研究的一项基本功。查阅文献资料可以从前人工作的经验和教训中得到启迪，从而更好地选定研究课题、凝练关键科学问题和安排研究计划。研究者通过查阅文献资料，可以了解有关问题的发展历史、现状及动向、确定研究方向，提出科学预见；了解别人的科学构思，从中得到启发，以形成和完善新的概念；了解和借鉴别人成功的经验，并在其基础上有所创新，有所提高；了解别人失败的教训，少走弯路，减少人力、物力和时间的浪费。通过总结前人的工作经验，易于准确定位研究课题的重要性和关键科学问题，更能提高科研工作的质量和效率。

1.1.2 试验研究

制定试验方案是试验研究的关键环节。在文献工作的基础上，对各种可能的方案要进行分析比较，最终确定一个最佳方案。一般情况下，在进行基础理论研究时，需采用先进的设备及试验手段，以获取准确可靠的信息；在进行实用性课题研究时，试验方案的制定要在技术上先进可行，经济上合理，不造成环境污染，试验过程安全。

试验计划是根据试验方案制定的，其作用和目的就是使试验方案的内容和要求得以实施。制定试验计划应包括前言（题目名称、目的要求、拟解决的问题及达到的目标、采用的方法及措施等）、试验总表、试验进度安排、物料及设备仪器清单和化验分析。

试验准备工作一般包括技术准备、物料准备、设备装配及调试、化验分析工作的配合及科研人员的训练等几个方面。

正式试验是研究的中心环节，它决定科学研究的质量。科研人员应具有严谨的科学态度、精细准确的业务作风、熟练的操作技能。在整个试验过程中要求研究人员根据实验条件及设备制定整个试验工作的操作程序；认真操作，仔细观察和如实记录试验过程中的各种现象，细心分析试验结果；做好原始记录，记录应清晰、完整、准确。

1.1.3　成果编写

及时分析试验数据和归纳总结，得出试验结论，并形成文字报告。试验报告应包括课题的题目和来源、研究的目的及意义，试验所使用的仪器设备、原料、试验方法，试验结果与分析和研究结论等。

试验研究工作程序中各环节需要遵循的一般原则是：

（1）选定的研究课题应有价值、有意义，具有创新性和可行性；

（2）查阅的文献资料要有权威性和时代性；

（3）制定的试验方案应科学、精简，拟定的试验手段要合理、有效；

（4）试验材料、设备、研究人员基础等要保证能够达到试验预期结果的要求；

（5）试验过程要严谨、精细，确保具有良好的重现性；

（6）编写的研究报告要完整、真实可信。

事实上，试验研究工作程序的各个环节在不同程度上是相互重叠和交叉的。有的课题由于可供借鉴的经验和知识较多，一开始就能确定试验方案；有的课题在查阅文献之后并不能立即确定试验方案，而是首先对几个可能方案进行探索性试验，经过比较后再确定其中的一个方案。查阅文献资料是为了制定较细的试验计划，有时在试验进行过程中还需要查阅文献，借以分析研究某些具体的问题。

由于试验过程中各程序环节间的交叉重叠，使得各程序的时间很难预先确定。在一般情况下，文献工作、试验准备和正式试验所占的时间比较多。文献工作占用的时间多少，与研究的内容及工作的熟练程度有关。通常设备是决定试验方法的重要因素，细致地制定试验计划，对于精简试验内容、减少工作量、避免走弯路、确保试验研究工作有序有效的进行是十分重要的。

1.2　选　题

选择研究课题是开展试验研究工作的一个重要环节，因为它直接决定着课题研究的主攻方向和成果的大小，甚至是试验研究的成败。选题时应考虑该项研究工作能否完成以及有无价值，能否为生产服务。在选题方向上，既要研究解决目前和长远的生产实践中提出的各种科学理论与技术课题，又要走到生产实践前面，更加深入地进行理论研究，揭示自然规律，为生产开辟新的途径。

试验研究的课题，既可以是国家攻关项目、科技发展项目、技术创新和重大基础研究项目等国家课题，也可以是国家自然科学基金、省市科学基金等科学基金，还可以是科研院所、高校与企业合作的研究开发项目等企业课题以及自筹科技发展和研究经费的自选课题。课题研究问题的范围要清楚明确，宜小不宜大。选题时需要注意：

（1）既要考虑课题的意义和价值，又要考虑课题解决的客观条件和研究者的主观条件；

（2）处理好热门和冷门、重要和次要、中心和边缘的关系，研究者应把自己能作出有价值、有独创见解和发现的可能性作为选择和决策的主要标准；

（3）要处理好目前和将来的关系，尽量挑选那些有利于今后长远发展方向的课题。

概括而言，选题的原则和依据就是：

（1）有针对性；

（2）关注社会效益；

（3）清楚应用技术与基础理论研究的关系；

（4）具有研究特色和创新性；

（5）具备研究能力，包括人员、设备和经费。

选题是研究工作中头等重要的工作，必须拟写选题计划，作为确定和安排工作的依据。选题计划一般应包括如下内容：

（1）题目（包括大题目和小题目）；

（2）选题依据、目的及意义；

（3）课题来源；

（4）与本课题相关的国内外研究现状，已有成果及存在的问题；

（5）拟解决问题的基本内容，预期达到的目标及结果；

（6）计划预定起始和完成时间；

（7）研究方案及拟采取的关键技术；

（8）经费预算及来源；

（9）课题负责人及参加研究人员的基本情况；

（10）协作单位情况。

1.3 试验研究阶段

试验研究工作的步骤取决于其类型、目的和要求。对于理论性的研究课题，实验室所用的设备、方法即可满足要求。对于直接用于生产实践的课题，为避免重大经济损失，需要将试验规模逐渐扩大，以获取指导设计和生产的可靠数据。为此，试验研究工作按规模由小到大可分为若干阶段。试验过程可以分为实验室试验阶段、扩大实验室试验阶段和半工业试验阶段。

1.3.1 实验室试验阶段

实验室试验主要是解决技术上的可行性问题，属于探索性质。其基本任务是对几种可能的方法进行试验，分析比较，选择实验室条件下最优方案及获取相应试验数据。它具有规模小，条件容易控制，试验手段先进，数据易于采集和处理，干扰因素少，操作严格，试验结果准确度高、重现性好，可分批次灵活试验等特点。

实验室试验是后续扩大实验室试验及半工业试验的基础。但是，由于实验室试验是分批次进行的，各因素之间的交互作用、各环节的相互影响往往不能充分暴露出来。导致所得数据与实际相比可能会有较大出入，因而有必要按实验室试验阶段提供的数据资料逐渐扩大试验规模，使其尽量接近于生产实际。

一般来说，实验室所得数据只提供了技术上的可行性，不能作为指导生产及进行设计的依据，因此，还需要进行扩大试验及半工业试验。

1.3.2 扩大实验室试验阶段

扩大实验室试验是介于实验室试验和半工业试验之间的一种中间试验，是在实验室试验的基础上进行的。其主要目的是进一步肯定实验室试验的结果和取得接近半工业试验的各项指标。在研究内容比较简单的情况下，扩大实验室试验可代替半工业试验，其研究结果可直接用于生产。在大多数情况下，扩大实验室试验是为了查明在实验室规模下不能肯定的一些重要条件，因而，扩大实验室试验仍起着初步研究的作用，所取得数据依旧不能作为指导生产和进行设计的依据。

与实验室试验相比，扩大实验室试验大部分或全部都是连续操作，比较接近工业生产的要求；其规模较大，运行时间较长；各环节之间的相互影响暴露得较充分，试验结果的可靠性更高；而且原材料消耗较大，费用较高，加之参加人员较多，所以需要精心组织、密切配合、协同工作。

扩大实验室试验要求对产物（包括中间产物）进行系统科学的取样和分析化验，对使用的原材料要做详细的统计记录，对物料平衡、热平衡、主要设备能力事先要进行估算。扩大实验室试验取得的数据应能满足半工业试验要求。

1.3.3 半工业试验阶段

半工业试验的主要任务是克服在扩大实验室试验中发现的不稳定现象，经长时间运转验证所用设备的适应性和相互之间的配合性，获得工业生产规模下的物料平衡与热平衡数据，进一步肯定产品的质量和各项技术经济指标，同时借以计算单位生产成本，初步制定出操作规程，查明劳动条件并制定出劳动保护及环境保护等措施，为设计提供必需的资料等。

半工业试验通常是针对新技术、新工艺进行的，其规模因具体情况而定，一般应达到扩大实验室试验规模的500~1000倍。半工业试验的设备应为生产设备的雏形或一个生产单位的雏形，要求操作连续化、机械化或自动化。

设计半工业试验时需要考虑到各重要设备或其构造材料的来源与供应情况，主要设备的使用期限、维护措施，原材料、燃料的来源与供应情况，生产过程中原材料及废弃物的综合利用以及与生产有关的其他问题等。

通过半工业试验，应能帮助解决将来生产上所有可能碰到的问题，为工业设计积累必要的数据。

复习思考题

1-1 基础研究、应用研究和应用基础研究对社会发展有何意义?

1-2 如何进行科学研究的选题工作?

1-3 从试验研究方法的角度分析工业生产技术升级改造需要经历哪些过程。

2 文献资料检索

文献是记录知识的载体，通常指有历史意义或研究价值的图书、期刊、典章等。在科学研究中，文献资料工作是基础。任何一项科学研究必须广泛搜集文献资料，在充分占有资料的基础上，分析资料的种种形态，探求其内在的联系，进而进行更深入的研究。从大量的科技文献资料中，根据一定的方法迅速、准确地检索出与用户需要相符合的、有参考价值的文献资料，对于科研工作者来说是一项必备的基本功。

2.1 科技文献的种类及基本检索方法

2.1.1 科技文献的种类

科技文献按照作品性质的不同，可以分为：

（1）科技图书。它包括阅读性图书（教科书、专著、文集等）和参考工具书（百科全书、大全、年鉴、手册、辞典、指南等)，大多是对科学研究成果和生产技术经验的概括论述，内容比较系统、全面、成熟、可靠，有一定的新颖性。但有时撰写、编辑时间长，传递信息的速度较慢。

（2）科技期刊。期刊一般都由一个比较稳定的编辑机构，按照一定的宗旨和编辑原则，选登众多作者的文章；有时也采用增刊和特辑形式刊登某一作者的论著。按照期刊的内容性质可以分为学术性期刊、快报性期刊、资料性期刊、消息性期刊、综论性期刊、检索性期刊和科普性期刊。其中，常见的期刊有：

1）学术性、技术性期刊。主要刊登科研和生产方面的论文、技术报告、会议论文和实验报告等原始文献。它的信息量大，情报价值高，是科技期刊的核心部分。刊名多数冠以“Acta（学报）”“Journal（会志、杂志）”“Transactions（会刊）”“Proceedings（会议记录）”等字样。

2）快报性期刊。专门登载有关最新研究成果的短文，预报将要发表的论文并附上摘要。其内容简洁，报道速度快。刊名中常带有“Letters（快报)”“Communications（通讯）”“Bulletin（简讯）”等字样。

3）综论、述评性期刊。这类期刊专门登载综论、评述性文章，即综合叙述或评论目前某学科的进展情况或成就，分析当前的动态，预测未来的发展趋势，可以使读者比较全面地了解该学科当前的水平与动向。文章多半是在原始论文的基础上经过分析、加工、综合写成的。这类期刊学术性较强，对科研人员来说，有较高的参考价值。

（3）科技报告。又称科学技术报告或科学技术报告书，是科学工作者从事科学研究工作的阶段进展情况和最终研究成果报告，一般必须经过主管部门组织有关单位审查鉴定，所以它所反映的内容具有较高的成熟性、可靠性和新颖性，是一种非常重要的信息来源。科技报告一般由政府部门所属的科研单位、学术机构、高等院校及其附设的研究部门、行业团体的科研机构制作。

（4）会议资料。在各种学术会议上发表的文献统称为会议文献。它含有大量的最新情报信息，是了解世界科学技术发展动向、水平和最新成就的主要渠道，也是参考价值很高的科技文献。

（5）专利文献。专利文献主要指专利局公布的申请文件和专利说明书。严格地讲，专利包含两个含义：一方面是指专利权，即发明人在法律规定的有效期限内，对其发明享有的专利权利；另一方面是指取得专利权的发明本身。专利一般分为发明专利、实用新型专利和外观设计专利。

（6）技术标准。技术标准是标准化工作的产物，包括各种标准化期刊、图书专著、标准化组织机构发表的有关手册、通报、汇编以及各种标准及检索工具等。它具有严肃性、法律性、时效性和滞后性的特点。按其使用范围可以分为国际标准、国家标准、专业标准或部颁标准、企业标准。

（7）产品样本。厂商为了推销产品而印刷的一种商业性宣传资料，包括产品目录、产品样本和产品说明书等。利用产品资料，可以调查了解和分析国外同类产品的技术发展过程、水平和发展动向等，具有技术情报价值。

（8）学位论文。学位论文是指高等学校和科研单位的毕业生在申请取得学士、硕士、博士学位时必须提交的学术论文。学位论文是原始研究成果，有一定的独创性，对研究工作有一定的参考价值。

2.1.2 科技文献检索的基本方法

文献能够被有效地检索，要求文献检索系统必须有文献描述项和索引项。文献描述项按照检索系统的简繁可以分为题录型和文摘型两类。题录是所有的检索系统都应具备的基本内容，它包括文献标题、作者、作者工作单位、发表时间、文献来源（期刊、会议、专利等）。文摘也称摘要，是对一篇文献的内容所作的简略准确的描述。索引原指一种通常按字母顺序排列，包括特别相关且被文献提及的全部项目（主题、人名等）的目录，它给出每个项目在文献中的出处，索引通常放在文献后面。

手工检索和计算机检索是文献检索的两种手段。计算机及网络技术的发展，使人们借助于计算机设备能够更加方便、高效地进行文献检索。计算机文献信息检索是把用户的要求转换成检索表达式输入计算机，与数据库中文献记录的特征进行类比、组配，把完全匹配的记录完全检索出来的自动化检索过程。构成计算机检索表达式的基本要素有检索词和布尔逻辑运算符。

检索词是指表达检索课题主题概念的名词术语，包括叙词和自由词。

布尔逻辑运算符是规定检索词之间相互关系的运算符号，在检索表达式中起着逻辑组配作用，其把简单概念的检索词组配成具有复杂概念的检索式，以表达用户的检索需求。常用的布尔逻辑运算符有三种，分别是逻辑“与”、逻辑“或”和逻辑“非”。它们所表示的逻辑关系如图 2-1 所示。

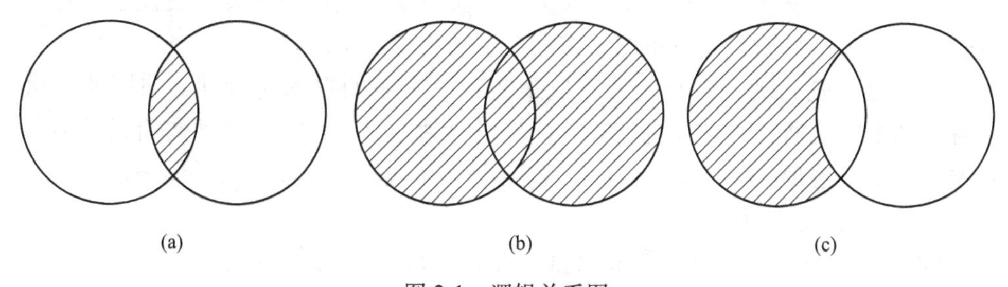

图 2-1　逻辑关系图

（a）逻辑“与”；（b）逻辑“或”；（c）逻辑“非”

（1）逻辑“与”。逻辑“与”用于交叉概念和限定关系的组配，实现检索词概念范围的交集，它可以缩小检索范围，有利于提高检准率。其运算符为“and”或“＊”，其中“and”主要用于英文的检索；“＊”多用于中文的检索。两个检索词之间以“and”或“＊”相连，表示要查找同时含有这两个词的文献集合。

（2）逻辑“或”。逻辑“或”用于检索词并列关系（同义词、近义词）的组配，实现检索词概念范围的并集，它可以扩大检索范围，防止漏检，有利于提高检全率。运算符为“or”或“+”，其中“or”主要用于英文的检索；“+”多用于中文的检索。检索词之间以“or”或“+”相连，表示检索含有所有检索词之一或同时含有所有检索词的文献集合。

（3）逻辑“非”。逻辑“非”用于从原来的检索范围中排除不需要的和影响检索结果的概念，使检索结果更精确。运算符为“not”或“-”，其中“not”主要用于英文的检索；“-”多用于中文的检索。两个检索词之间以“not”或“-”相连，表示要查找含有前面的检索词而不包含有后面的检索词的文献集合。

应根据检索词和逻辑运算符，制定最优检索方案，做到最大限度节省时间，尽可能准确表达信息需求，获得满意的检索结果。

2.2 现代数字图书馆

数字图书馆（digital library），是利用数字技术处理和存储各种图文并茂文献的图书馆。它实质上是一种用多媒体制作的分布式信息系统，把各种不同载体、不同地理位置的信息资源采用数字技术存储，以便于跨越区域、面向对象的网络查询和传播。数字图书馆涉及信息资源加工、存储、检索、传输和利用的全过程，是传统的图书馆功能扩张和根本性的变革，不但包含了传统图书馆的功能，向社会公众提供相应的服务，还融合了其他信息资源（如博物馆、档案馆等）的一些功能，提供综合的公共信息访问服务。

数字图书馆于20世纪70年代在美国国家信息基础设施建设时被提出，其发展经历了图书馆自动化、电子图书馆和数字图书馆三个阶段。

（1）图书馆自动化。利用计算机来实现图书馆的自动化管理，如用计算机来管理图书的流通，管理读者信息，计算机自动编目，计算机自动文摘以及书目数据库查询及管理等。20世纪70年代末到90年代初这一段时间是图书馆自动化从产生、发展到完善的时期。

（2）电子图书馆。由于图书馆自动化技术已发展得相当成熟，应用也极为普及，各级图书馆一般都建立了自己的局域网络，并且拥有一定数量的电子信息资源。在这种背景下，人们就提出了一种基于现有局域网络实现电子信息资源共享的电子图书馆模型。

（3）数字图书馆。互联网服务的普及和信息高速公路建设的兴起，使人们在提出电子图书馆的同时，开始着手研究电子图书馆的更高级形式——数字图书馆。美国国会图书馆在1996~1997年实现了一个试验系统来展示数字图书馆的体系结构和工作方式。国际商用机器公司（IBM）在1997年底提出了一整套数字图书馆的解决方案。我国数字图书馆的研究于1997年启动。

数字图书馆不是图书馆实体，而是一个开放式的硬件和软件的集成平台，通过对技术和产品的集成，把当前大量的各种文献载体数字化，组织起来在网上服务。数字图书馆首页如图2-2所示。

从理论上而言，数字图书馆是一种引入管理和应用数字化的物理信息对象的方法。它的基本功能有：

（1）各种载体数字化；

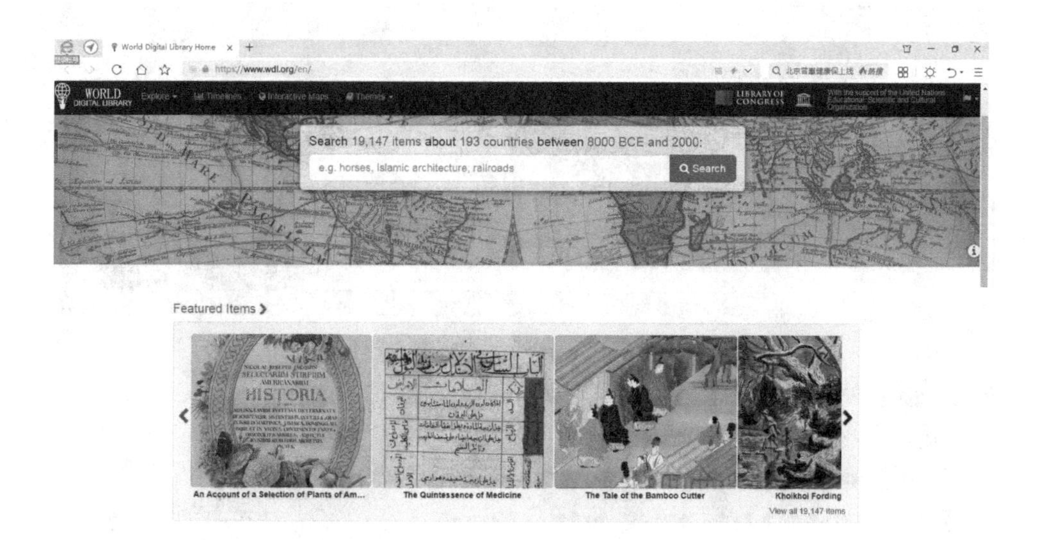
World Digital Library Home
https://www.wdl.org/en/
WORLD DIGITAL LIBRARY
Explore
Timelines
Interactive Maps
Themes
LIBRARY OF CONGRESS
Search 19,147 items about 193 countries between 8000 BCE and 2000:
e.g. horses, Islamic architecture, railroads
Search
Featured Items
HISTORIA
An Account of a Selection of Plants of Am...
The Quintessence of Medicine
The Tale of the Bamboo Cutter
Khoikhoi Fording
View all 19,147 items

(a)

中国国家图书馆·中国国家数字图
不安全
www.nlc.cn
中国国家图书馆 · 中国国家数字图书馆
NATIONAL LIBRARY OF CHINA
NATIONAL DIGITAL LIBRARY OF CHINA
English
专题
资讯
国家典籍博物馆
2021年5月5日 星期三
4·23 世界读书日
回望·传承·创新
1 2 3 4 5 6
读者门户登录注册
馆藏目录检索
查找更多数字资源
网上咨询台
文津搜索
检索
图书
期刊
报纸
论文
古籍
音乐
影视
缩微

(b)

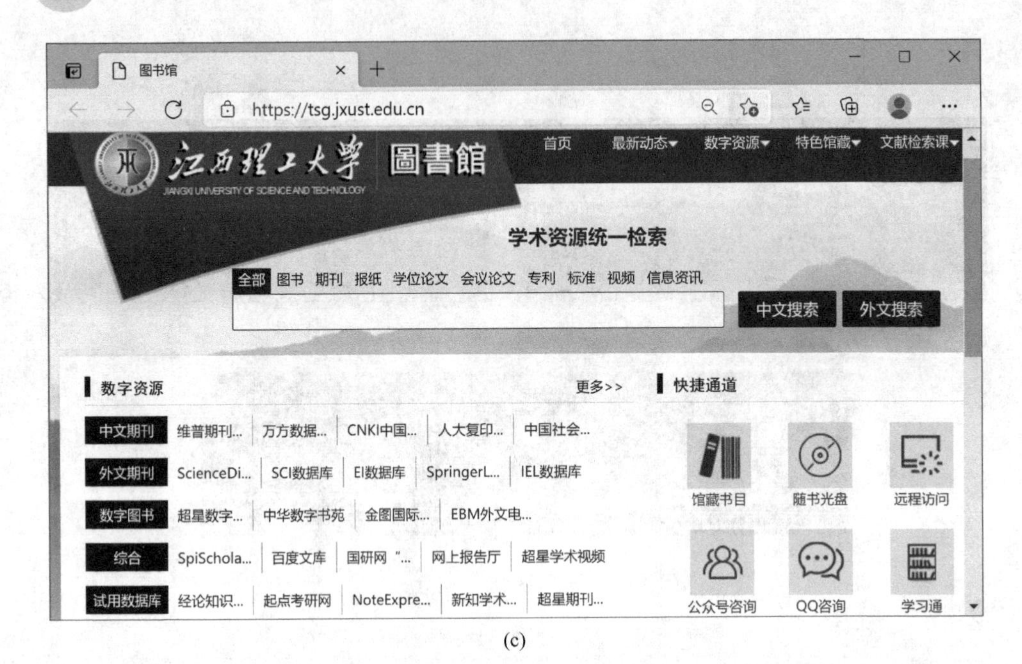

(c)

图 2-2　数字图书馆首页

(a) 世界数字图书馆首页（https：//www. wdl. org/en/）；(b) 中国国家数字图书馆首页（http：//www. nlc. cn/）；(c) 高校数字图书馆首页

（2）数据的存储和管理；

（3）组织对数据的有效访问和查询；

（4）数字化资料在网上发布和传递；

（5）系统管理和版权保护。

随着信息技术的发展，需要存储和传播的信息量越来越大，信息的种类和形式越来越丰富，数字图书馆能够为用户获取信息提供方便、快捷、高水平的信息化服务。相对于传统图书馆，数字化图书馆有更强大的资料保存能力、信息处理效率和文献检索效率。归纳而言，数字图书馆的主要优点有：

（1）信息储存空间小，资料不易损坏。数字图书馆利用计算机技术将各种文献信息资源数字化并加以储存，包括各种动画片、影视片、多媒体资料等，一般储存在电脑光盘或硬盘里，与过去的纸制资料相比占地很小，而且可以避免文献资料磨损的问题，尤其是一些原始的比较珍贵的资料。

（2）信息查阅检索方便。数字图书馆搭载资源搜索引擎，读者通过检索关键词，就可以快速获取大量的相关信息，而不需要经过检索、找书库、按检索号寻找图书等烦琐的查阅工序。当用户在联机查找遇到问题时，还能利用计算机手段进行干预（即电子参考咨询），为读者解决问题。

（3）远程迅速传递信息。数字图书馆提供网上服务，可以利用互联网迅速传递信息，读者只要登录网站，即可轻松获取国内外各种文献资源信息。

（4）文献资源可多人同时使用。数字图书馆可以突破“一本书一次只可以借给一个人使用”的限制，一本“书”通过服务器可以同时借给多个人查阅，大大提高了信息的使用效率。

2.3　数字图书馆文献检索

数字图书馆首页直接提供图书、期刊、报纸、学位论文、专利、标准、视频等分类检索和全部种类文献检索（见图2-2（b）和（c））。用户根据需要，选择检索文献的种类，并输入对应的检索词，进行中文或外文搜索，可以获取相关的文献资源信息。筛选的有用文献，可通过源链接下载存储。根据文献种类的不同，所需要的检索字段也不同，如“图书”文献的检索字段包括“书名”和“作者”，“期刊”文献的检索字段包括“标题”“作者”“刊名”和“关键词”，“专利”文献的检索字段包括“专利名称”“申请号”“发明人”和“IPC号”等。中文搜索、外文搜索必须分别使用中文和英文检索词才能进行有效检索。

2.3.1　期刊检索

常用期刊数字资源有维普期刊全文数据库、万方数据库、CNKI中国期刊全文数据库等中文期刊资源和SCI-CPCI数据库、EI数据库、ScienceDirect数据库、SpringerLink数据库等外文期刊资源。也可通过高校图书馆或其他信息情报图书馆的数字图书馆检索期刊文献，需要使用的检索字段为标题、作者、刊名或关键词，检索界面如图2-3所示。

图2-3　期刊检索界面

（1）标题，即文献篇名检索。检索词既可以是完整的文献题目，也可以是题目中可能出现的关键字。

（2）作者，即文献著者检索。检索词为一个或多个著者的姓名。多个著者时，姓名间用英文格式的“;”隔开。检索结果为同时包含全部著者姓名的文献。

（3）刊名，即期刊名称检索。检索词为完整的期刊名称。

（4）关键词，是用于表达文献主题内容的词汇。检索字段可以是一个或多个关键词，其间用空格隔开。检索结果为同时包含全部关键词的文献。

（5）全部字段，是指检索词可能出现在标题、作者、刊名、关键词以及摘要字段中的所有检索。

例如，以“熔盐”作为检索词，选择“全部字段”进行中文搜索，获得与熔盐相关的中文期刊文献 6475 篇。检索到的文献可以按照时间、学术价值、相关性等进行排序阅览。每条检索到的文献下方会提供文献的所有获取途径。以“molten salt”作为检索词进行外文搜索，可以获得相关的英文文献信息及其获取途径。中文搜索与外文搜索期刊文献结果如图 2-4 所示。

使用高级搜索模式可以提高文献检索的检准率和检全率。高级搜索采用布尔逻辑运算，可添加至多 7 条检索字段，并且可以限定文献的年度范围。用户根据文献检索目的，利用逻辑“与”“或”及“非”制定检索策略，进行组配检索。高级搜索界面如图 2-5 所示。

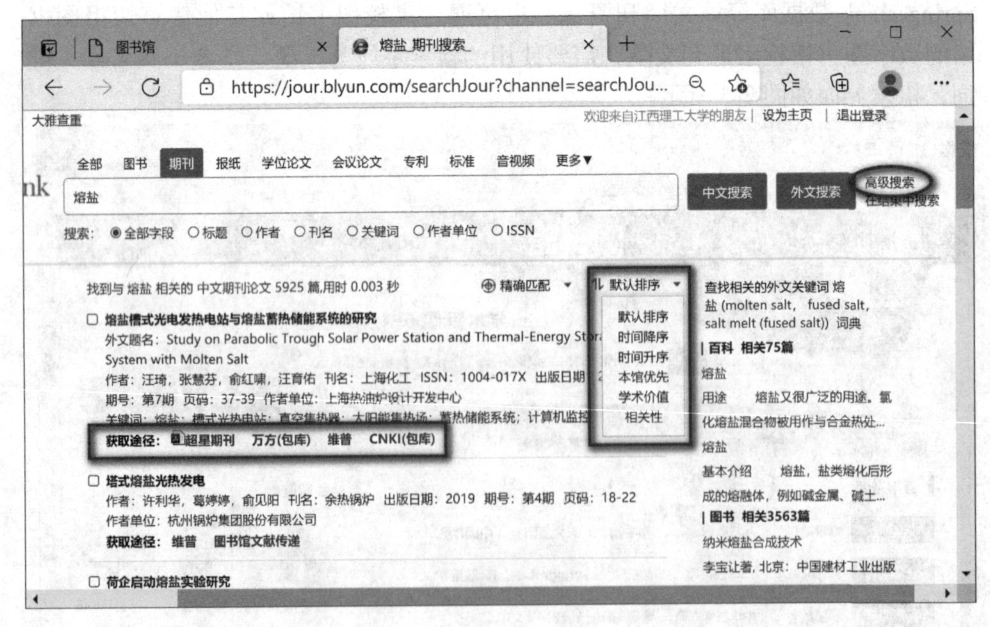

(a)

(b)

图 2-4 中文搜索与外文搜索结果界面

（a）中文搜索结果；（b）外文搜索结果

图 2-5 高级搜索界面

在搜索结果中，选中需要的文献题目后转入文献详情界面，如图 2-6 所示。在此，可以获取更加详细的文献信息、获取途径以及其他馆藏信息。通过全文链接进入文献源期刊，在有文献获取权限下，可以进行全文阅读及下载，如图 2-7 所示。对于没有文献获取权限的用户，数字图书馆提供有文献传递咨询服务，

图 2-6　检索文献详情界面

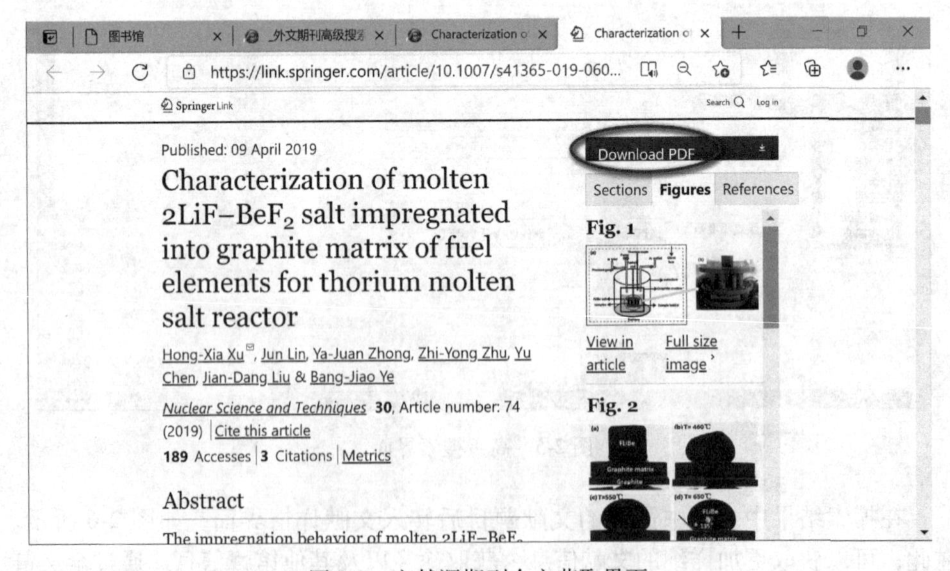

图 2-7　文献源期刊全文获取界面

可以通过其他馆藏单位链接进行咨询获取。文献传递需要用户提供有效的电子邮箱，以便接收电子文献。数字图书馆文献传递界面如图 2-8 所示。

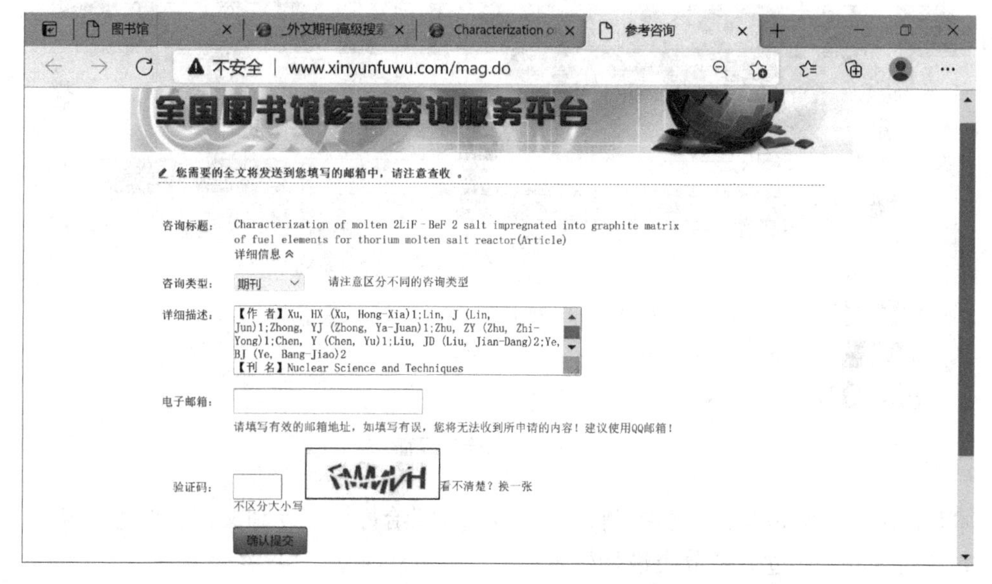

图 2-8　数字图书馆文献传递界面

2.3.2　其他种类文献检索

2.3.2.1　专利检索

中国专利信息检索系统和“德温特世界专利索引”（Derwent World Patents Index，WPI）是目前比较常用的、专门的专利检索系统。通过数字图书馆也可以检索专利文献。专利索引信息一般包括专利申请号、申请日、公开/公告号、公开/公告日、IPC 分类号、文摘、国省代码、发明人、专利权/申请人、发明名称、申请人地址等。德温特世界专利索引的全记录还包括德温特分类号、德温特人工号、国际专利分类号等。通过数字图书馆检索专利文献，使用的检索字段为专利名称、申请号、发明人和 IPC 号，如图 2-9 所示。

（1）专利名称，反映专利说明书中所写的发明的本质及其新颖性的篇名。检索词可以是完整的篇名，也可以是篇名中可能出现的关键字段。

（2）申请号，即专利申请号，是指专利申请人向国家知识产权局提出专利申请时，国家知识产权局给予的专利申请受理通知书，并给予专利的申请号。检索时需要完整、正确填写。

（3）发明人，一般为个人，检索时按姓氏在前的格式；也可以以多个发明人姓名检索，检索结果为同时包含全部著者姓名的专利。

（4）IPC 号，即国际专利分类号。国际专利分类方法是在国际上公认的分类

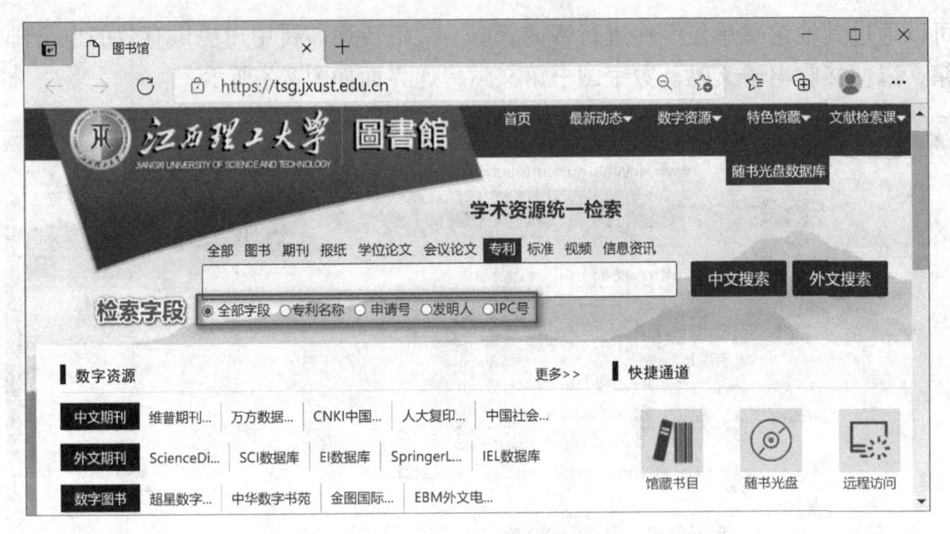

图 2-9 专利检索界面

体系，由世界知识产权组织控制，由专利局分配给每一个专利文档。要查找某一类专利，可以通过 IPC 分类进行检索。

专利检索结果能够提供详细的专利信息和专利摘要，以及获取途径，包括数字图书馆全链接及图书馆文献传递，如图 2-10 所示。

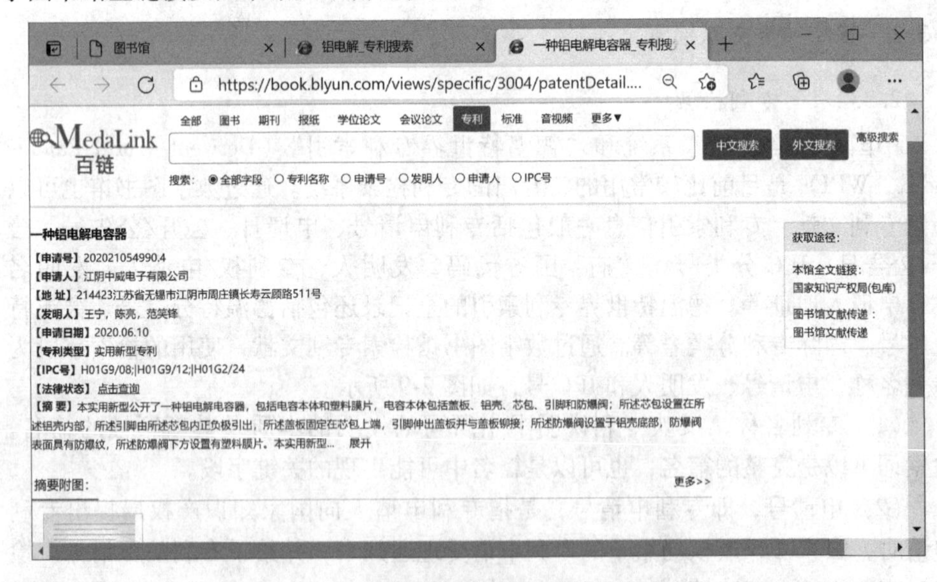

图 2-10 专利电子资源检索结果界面

2.3.2.2 图书、报刊及特种科技文献检索

图书文献的检索字段包括书名、作者、主题词、丛书名和目次。

报刊文献的检索字段包括标题、作者、来源、全文、关键词和副标题。

特种科技文献是指除了科技图书、报刊以外的各类型科技文献，如学位论文、会议论文、技术标准等信息资源。特种科技文献形式多样，数量庞大，内容涉及科技的各个专业领域，实用价值高，是科学研究工作不可缺少的信息源。

学位论文的检索字段包括标题、作者、授予单位、关键词和导师。

会议论文的检索字段包括标题、作者、关键词和会议名称。

技术标准的检索字段包括标准号、标准中文名、标准英文名和发布单位。

2.4 冶金期刊文献资源

为方便广大冶金试验研究工作者查阅文献资料，提供部分冶金领域中外文期刊信息（见表2-1），以供参考。

表2-1 部分冶金领域中外文期刊信息

语种	期刊名	刊期	网址
中文	中国有色金属学报	月刊	http：//www. ysxbcn. com/index. html
	中国稀土学报	双月刊	http：//www. re-journal. com/WKD/WebPublication/index. aspx?mid=xtxb
	稀有金属	月刊	http：//www. rmet-journal. com/WKD/WebPublication/index. aspx?mid=zxjs
	轻金属	月刊	http：//qjz. goooc. net/
	湿法冶金	双月刊	http：//sfyj. cbpt. cnki. net/WKE/WebPublication/index. aspx?mid=SFYJ
	稀土	双月刊	http：//xtbjb. cre. net/
	钢铁研究学报	月刊	http：//47. 93. 29. 245/Jweb _ gtyjxb _ cn/CN/volumn/current. shtml
	炼钢	双月刊	http：//lg. sudainfo. com/CN/volumn/current. shtml
	钢铁	月刊	http：//47. 93. 29. 245/Jweb_gt/CN/volumn/current. shtml
	中国有色冶金	双月刊	http：//zzlw. sws9. cn/qikan/10471
	冶金分析	月刊	http：//47. 93. 29. 245/Jweb _ yjfx/CN/volumn/current. shtml
	粉末冶金技术	双月刊	http：//fmyj. cbpt. cnki. net/WKE/WebPublication/index. aspx?mid=fmyj
	稀有金属与硬质合金	季刊	http：//rmcc. cinf. com. cn/
	金属学报	月刊	http：//www. ams. org. cn/CN/0412-1961/home. shtml
	有色金属·冶炼部分	月刊	http：//mete. cbpt. cnki. net/WKB2/WebPublication/index. aspx?mid=METE

续表 2-1

语种	期刊名	刊期	网 址
外文	Acta Materialia	半月刊	https：//www. journals. elsevier. com/acta-materialia/
	Corrosion Science	月刊	https：//www. journals. elsevier. com/corrosion-science
	Scripta Materialia	半月刊	https：//www. journals. elsevier. com/scripta-materialia/
	Intermetallics	月刊	https：//www. journals. elsevier. com/intermetallics
	Journal of Alloys and Compounds	周刊	https：//www. journals. elsevier. com/journal-of-alloys-and-compounds
	Journal of the Electrochemical Society	月刊	http：//jes. ecsdl. org/
	Metallurgical and Materials Transactions A	月刊	https：//link. springer. com/journal/11661
	Metallurgical and Materials Transactions B	月刊	https：//link. springer. com/journal/volumesAndIssues/11663
	Light Metal Age	月刊	https：//www. lightmetalage. com/magazine/
	Hydrometallurgy	月刊	https：//www. journals. elsevier. com/hydrometallurgy/
	Journal of Materials Science & Technology	双月刊	https：//www. journals. elsevier. com/journal-of-materials-science-and-technology
	Bulletin of the Institution of Mining and Metallurgy	月刊	https：//journals. co. za/content/saimm/46/11-12/AJA0038223X_4332
	JOM	月刊	https：//link. springer. com/journal/11837
	Transactions of Nonferrous Metals Society of China	月刊	https：//www. journals. elsevier. com/transactions-of-nonferrous-metals-society-of-china/
	Rare Metals	双月刊	https：//link. springer. com/journal/12598
	ISIJ International	月刊	http：//www. jstage. jst. go. jp/browse/isijinternational
	Canadian Metallurgical Quarterly	季刊	https：//www. sciencedirect. com/journal/canadian-metallurgical-quarterly

复习思考题

2-1 试比较手工检索与计算机检索的异同。

2-2 归纳数字图书馆出现的意义。

3 试验方案设计

在冶金科研和生产中，试验设计是经常进行的一项重要工作。为了开发冶金过程的新工艺，以实现提高产品质量和节能降耗的目的，需要开展大量的实验工作。为此，需要对试验进行科学的设计。一个科学的试验设计，能够合理地安排各种试验因素、严格控制试验误差、能够有效地分析试验数据，从而用尽可能少的试验获取丰富可靠的试验结果。试验设计的意义主要体现在以下几个方面：

（1）科学合理地安排试验，减少试验次数，缩短试验周期，提高试验效率。

（2）能够在多种影响因素中分清主次，找出各因素对试验指标的影响顺序，找出影响指标的主要因素。

（3）通过试验设计能够了解因素之间对试验指标的相互影响情况，即明确因素间的交互作用。

（4）通过试验设计能够分析试验误差影响的大小，正确估计和控制试验误差，提高试验精度。

（5）通过试验设计，能够迅速找出最佳工艺条件，并预测最优工艺条件下的试验指标及其波动范围。通过试验结果分析，明确进一步优化试验的方向。

3.1 试验设计基本概念

3.1.1 试验指标

在试验设计中，根据试验目的选定的用于衡量试验结果好坏或效应高低的指标，称为试验指标（test index）。试验指标可分为两大类：一类是定量指标，它是试验中能够直接得到具体的数值的指标，如强度、硬度、pH 值、浸出率等；另一类是定性指标，是试验中不能用数量表示的指标，如合格、报废等。

在试验过程中，试验指标既可以是单个，也可以是多个。前者称为单指标试验设计，后者称为多指标试验设计。试验过程中，指标的个数应该根据考察对象和研究内容确定。

3.1.2 试验因素

对试验指标有影响的原因或要素称为试验因素（test factors），也称为因子。它是试验时重点考察的内容。试验因素一般用大写英文字母 A、B、C、…标记。

因素有多种分类方法，一般可分为可控因素和不可控因素。可控因素指可以控制和调节的因素，如温度、浓度、粒度、时间等；不可控因素指暂时不能控制和调节的因素，如设备的轻微振动、气体流量的轻微波动等。

只考察一个因素的试验称为单因素试验；考察两个或以上因素的试验称为多因素试验。

3.1.3 水平或位级

试验设计中，为考察试验因素对试验指标的影响情况，要使试验因素处于不同的状态。试验因素所处的各种状态称为因素水平，简称水平或位级（levels）。水平通常用数字 1、2、3、…表示。

一个因素选几个水平，则称该因素为几水平因素。例如，某金矿浸出试验中，温度 A 选取了 30℃和 50℃两个水平；反应时间 B 选取了 30min、60min、90min 三个水平，则称温度 A 为二水平因素，反应时间 B 为三水平因素。因素 A 的第一、第二水平分别用 A_1 和 A_2 表示（A_1 为 30℃，A_2 为 50℃）；因素 B 的 3 个水平分别用 B_1、B_2、B_3 表示（即 B_1 为 30min，B_2 为 60min，B_3 为 90min）。

3.1.4 试验效应

某个因素由于水平发生变化引起试验指标发生变化的现象称为试验效应。通常以某试验数据与数据算术平均值之差表示。例如，浸出过程中，因素 A（温度）由 30℃变为 50℃时，金的浸出率由 75%变为 85%，增大了 10%，这个变化值即为试验效应。

3.1.5 交互作用

试验过程中，除了单个因素对试验指标产生影响外，因素之间还会联合起来影响试验指标，这种联合作用的影响称为交互作用。

根据参与交互作用因素的多少，交互作用可分为：一级交互作用，即两个因素的交互作用，记为 $A \times B$；二级交互作用，即三个因素的交互作用，记为 $A \times B \times C$；以此类推，可标记多个因素之间的多级交互作用。

3.2 单因素试验优选法

在生产和科学实验中，为了达到优质、高产、低消耗的目的，需要对有关因素（组分配比、工艺条件等）的最佳点进行选择，这类最佳点的选取称为优选问题。优选法是根据生产和科研中的问题，利用数学原理合理地安排试验点，减少试验次数，迅速找到最佳点的科学方法。如果用函数的观点表述试验优选的问题，则试验指标表示应变量函数值$f(x)$，试验因素表示自变量x。根据因素变化个数，可将优选试验设计分成单因素优选和多因素优选两大类。

当只研究一个变化的因素对指标的影响时，比较广泛采用的是单因素优选法，其中有黄金分割法（0.618 法）、分数法、平分法和分批试验法。下面主要介绍黄金分割法和分数法。

3.2.1 黄金分割法

黄金分割法是单因素试验设计方法。试验中常遇到这种情况，知道在试验范围（a，b）内仅有一个最优点d，且试验点距离最优点越远，试验效果越差，则该情况可用黄金分割法进行优选。黄金分割法要求试验指标函数$f(x)$为单峰函数，如图 3-1 所示。

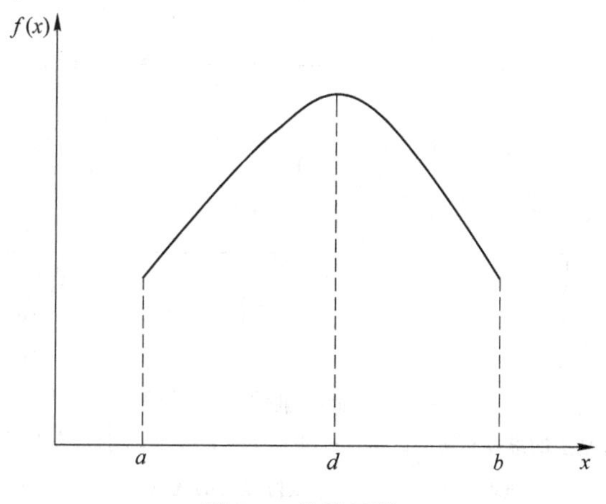

图 3-1 单峰函数

黄金分割法是将一线段分割为两部分，使得整个线段长与分割后较长一段的比值，等于较长一段与较短一段的比值，此比值以Z表示。设线段长为L，分割后较长段为X，则较短段为$L-X$，如图 3-2 所示。

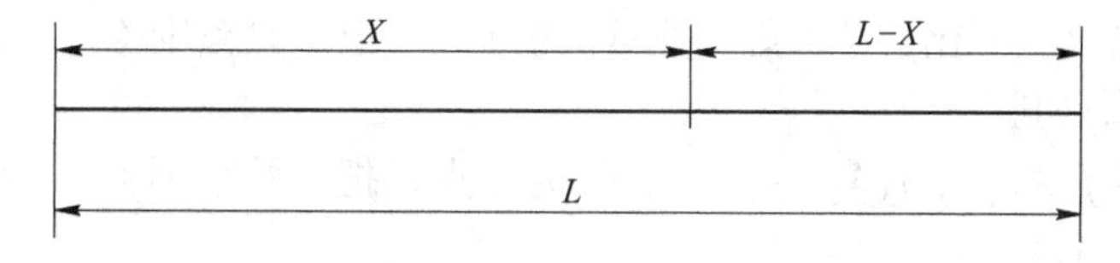

图 3-2 黄金分割法示意图

其关系式有：$\dfrac{L}{X}=\dfrac{X}{L-X}=Z$，经过数学变换为：$\left(\dfrac{L}{X}\right)^2-\dfrac{L}{X}=1$，因为$\dfrac{L}{X}=Z$，故有：

$$1 = Z^2 - Z \quad 或 \quad Z^2 - Z - 1 = 0$$

该式为一元二次方程式，解方程得正根：

$$Z_1 = \frac{1+\sqrt{5}}{2} = 1.618033988\cdots,\ \frac{1}{Z_1} = 0.618$$

因此，$X = \frac{L}{Z} = 0.618L$。

可见，第一个试验点应放在线段全长的 0.618 处。

对于因素范围（a，b）采用黄金分割法进行优选时，过程如图 3-3 所示。

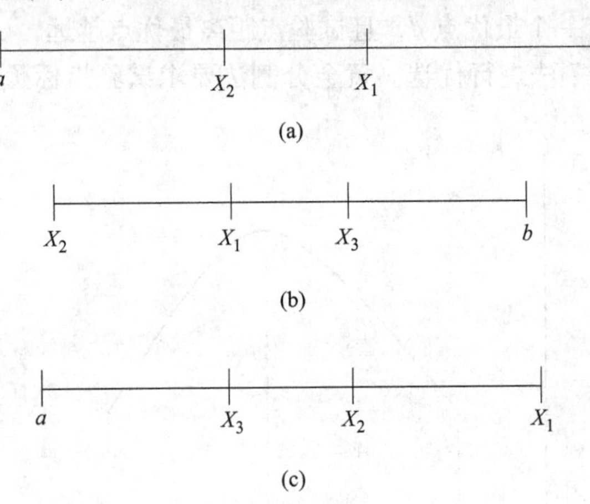

图 3-3　黄金分割法优选过程

（a）黄金分割法的第一和第二试验点；（b）第一试验点 X_1 是好点时的优选过程；（c）第二试验点 X_1 是好点时的优选过程

第一个试验点 X_1 设在范围（a，b）的 0.618 处，即 $X_1 = a + 0.618(b-a)$。

第二个试验点 X_2 取成 X_1 的对称点，即 $X_2 = a+b-X_1$。

分别在 X_1 和 X_2 点处进行试验，用 $f(X_1)$ 和 $f(X_2)$ 分别表示 X_1 和 X_2 点的试验结果，存在以下三种情况：

（1）如果 $f(X_1)$ 比 $f(X_2)$ 好，则 X_1 为好点，把试验范围（a，X_2）划去，含优区间为（X_2，b）；

（2）如果 $f(X_1)$ 比 $f(X_2)$ 差，则 X_2 为好点，把试验范围（X_1，b）划去，含优区间为（a，X_1）；

（3）如果 $f(X_1)$ 与 $f(X_2)$ 一样，则把试验范围（a，X_2）和（X_1，b）都划去，含优区间为（X_2，X_1）。

对于 X_1 是好点的第一种情形，再取 X_1 点的对称点 X_3，在 X_3 处进行第三次试验。根据对称公式计算得：$X_3 = X_2+b-X_1$，再比较 $f(X_1)$ 和 $f(X_3)$ 的试验结果。

对于 X_2 是好点的第二种情形，再取 X_2 点的对称点 X_3，在 X_3 处进行第三次试验。则 $X_3 = a + X_1 - X_2$，再比较 $f(X_1)$ 和 $f(X_3)$ 的试验结果。

对于 X_1 和 X_2 同样好的第三种情形，把 X_2 看成新 a，X_1 看成新 b，然后在（X_2，X_1）范围内的 0.618 和 0.382 处重新安排两次试验。

【例 3-1】 采用火法炼合金钢，需要添加某种化学元素改性以增加强度，已知存在最佳加入量，加入过多或过少的添加元素均会导致合金钢强度下降，固定钢铁质量为 1000kg，添加元素范围是 9~13kg，试求最佳添加元素加入量。

解： 第一步，先在试验范围长度的 0.618 处进行第一个试验，即 X_1 点：

$$X_1 = a + 0.618(b - a) = 9 + 0.618 \times (13 - 9) = 11.5\text{kg}$$

此时合金钢强度为 235MPa。

第二步，在 X_1 点的对称点 X_2 处进行第二个试验，由对称公式可知：

$$X_2 = a + b - X_1 = 9 + 13 - 11.5 = 10.5\text{kg}$$

此时合金钢强度为 228MPa。

比较 X_1 和 X_2 点的试验效果可知 X_1 比 X_2 好，因此，去掉范围（9，10.5），含优区间为（10.5，13），继续进行试验。

第三步，在 X_3 点处进行第三个试验：

$$X_3 = X_2 + b - X_1 = 10.5 + 13 - 11.5 = 12\text{kg}$$

此时合金钢强度为 231MPa。

比较 X_1 和 X_3 点的试验效果可知 X_1 比 X_3 好，因此，去掉范围（12，13），新含优区间为（10.5，12），继续进行试验。

第四步，在 X_4 点处进行第四个试验：

$$X_4 = X_2 + X_3 - X_1 = 10.5 + 12 - 11.5 = 11\text{kg}$$

此时合金钢的强度为 232MPa。

可以看出每增加一次试验，都能将试验范围缩短至上次长度的 0.618 倍，如此持续进行试验，直到达到所需的试验结果为止。

由于试验条件的限制，本试验进行到第四次为止。试验最佳点为 X_1 点，即添加元素质量为 11.5kg，合金钢强度最佳，达到 235MPa。

3.2.2 分数法

黄金分割法适用于因素取值范围为连续区间的优选设计，通过多次连续试验，直到找到最佳点为止。在冶金研究过程中，由于试验条件的限制，往往限定了试验总次数，需要在限定的试验次数内进行优选，找出最佳试验点。这种情况下，采用分数法比黄金分割法更为方便，且同样适合单峰函数。

分数法属于斐波那契数列的应用。首先介绍斐波那契数列：

$$1, 1, 2, 3, 5, 8, 13, 21, 34, 55, 89, 144, \cdots$$

用 F_0，F_1，F_2，…依次表示上述数串，它们满足递推关系：

$$F_n = F_{n-1} + F_{n-2}(n \geqslant 2)$$

F_{n-1}/F_n 是渐进分数，如 3/5，5/8，8/13，13/21，21/34，34/55，55/89，89/144，…。这些分数是 0.618 的渐进值。用这批分数安排试验的第一个点，以后各点则分别用对称点的方法确定，直到找出最优点，这就是采用分数法进行优选的方法。可见，分数法除第一个点的确定方法不同于 0.618 法（但近似于 0.618 法）外（分数法是用分数 F_{n-1}/F_n 代替 0.618 确定第 1 个试验点），之后的步骤完全一样。由于进行试验的限定次数不同，现在分两种情况对分数法进行叙述。

3.2.2.1　所有可能的试验总数正好是某个 F_n-1

如果所有可能的试验总数正好是某个 F_n-1，这时前两个试验点放在试验范围的 F_{n-1}/F_n、F_{n-2}/F_n 的位置上，也就是先在第 F_{n-1}、F_{n-2} 点进行试验。比较这两个试验点的效果，如果 F_{n-1} 点好，则舍弃 F_{n-2} 点以下的试验范围；如果 F_{n-2} 点好，则舍弃 F_{n-1} 点以上的试验范围，如图 3-4 所示。

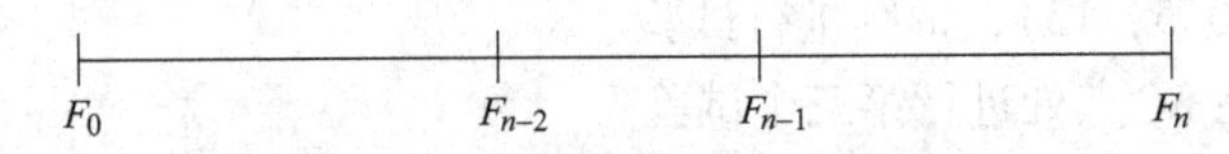

图 3-4　分数法试验点选取范围

在留下的试验范围内，剩下 $F_{n-1}-1$ 个试验点，重新编号，其中 F_{n-2} 和 F_{n-3} 个分点有一个是刚好留下的好点，另一个是下一步要做的新试验点，两点试验效果比较后，与前面的做法一样，从坏点把试验范围切开，短的一段舍弃，留下包含好点的较长的一段，此时，新的试验范围只有 $F_{n-2}-1$ 个试验点，后续试验重复上面的步骤进行，直到找到试验范围内最佳试验点为止。

经过分析可以看出，采用分数法进行优选试验，在 F_n-1 个可能的试验中最多只需做 $n-1$ 个试验就能找到它们中最好的点。在试验过程中，如遇到一个满足试验要求的好点，就可以停止试验。利用这种关系，根据可能比较的试验数，就可以确定实际要做的试验数，或者是由于客观条件限制能做的试验数。比如最多只能做 k 个，可把试验范围分成 F_{k+1} 等份，这样所有可能的试验点数为 $F_{k+1}-1$ 个，按上述方法，只做 k 个试验就可使得到最高精度的结果。

【例 3-2】 采用嗜酸氧化亚铁硫杆菌浸出硫化铜矿时需要对细菌进行培养，培养温度范围为 29~50℃，精确度要求±1℃，培养时间在 16h 以上。为了缩短细菌培养试验时间，采用分数法对细菌培养试验进行优选设计。

解： 由题意可知，细菌培养试验总次数为 20 次，正好等于斐波那契数列中的 F_7-1。试验过程如图 3-5 所示。

（1）第 1 个试验点选取第 13 个分点（即 42℃），根据分数法的规则，第 2 个试验点为第 1 个试验点的对称点，也就是第 8 个分点（即 37℃）。经过细菌培

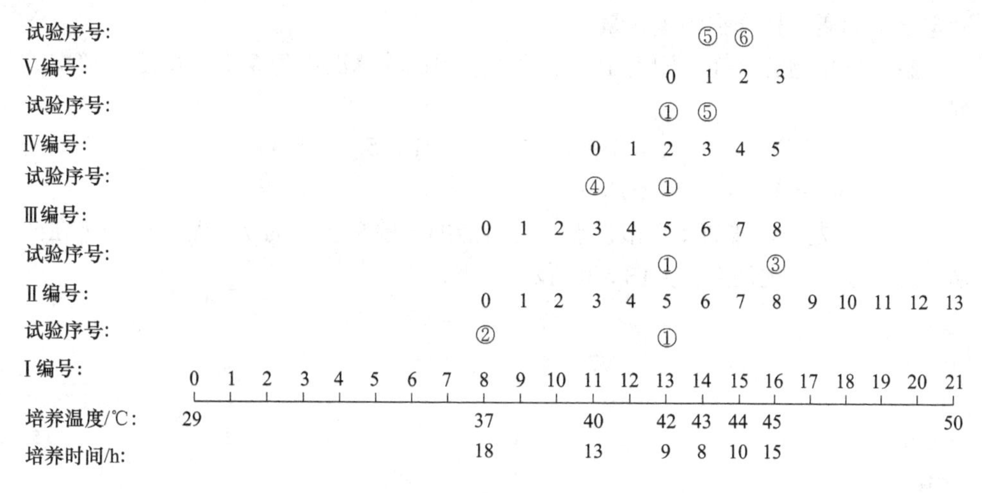

图 3-5 所有可能的试验总数正好是某个 F_n-1 的情况

养试验发现，第 1 个实验点效果更好，因此，舍弃第 8 个分点以下的温度，也就是排除 29~37℃，再重新编号。

（2）第 3 个试验点为新编号的第 8 个分点（即 45℃），将第 1 个和第 3 个试验点的效果进行对比，发现第 1 个试验点效果更好，因此，舍弃第 8 个分点以上的温度，也就是排除 45~50℃，再重新编号。

（3）第 4 个试验点为新编号的第 3 个分点（即 40℃），将第 1 个和第 4 个试验点的效果进行对比，发现第 1 个试验点效果更好，因此，舍弃第 4 个分点以上的温度，也就是排除 37~40℃，再重新编号。

（4）第 5 个试验点为新编号的第 3 个分点（即 43℃），将第 1 个和第 5 个试验点的效果进行对比，发现第 5 个试验点效果更好，因此，舍弃第 2 个分点以下的温度，也就是排除 40~42℃，再重新编号。

（5）第 6 个试验点为新编号的第 2 个分点（即 44℃），将第 5 个和第 6 个试验点的效果进行对比，发现第 5 个试验点效果更好，试验结束，最佳培养温度为（43±1）℃。

说明：$F_7=21$，因而只需做 7-1=6 次试验。

3.2.2.2 所有可能的试验总数大于某个 F_n-1 而小于 $F_{n+1}-1$

对于试验总数与斐波那契数列中的某个 F_n-1 不一样的情况，只需在试验范围之外虚设几个试验点，虚设的点可安排在试验范围的一端或两段，使之凑成 $F_{n+1}-1$ 个试验。对于虚设点，并不真正做试验，因此不会增加实际试验次数。

【例 3-3】 在溶液中进行混凝沉淀试验，采用的混凝剂为某阳离子聚合物和硫酸铝，硫酸铝的投入量恒定为 10mg/L，而阳离子聚合物的可能投入量分别为 0.1mg/L、0.15mg/L、0.2mg/L、0.25mg/L、0.3mg/L，试用分数法安排试验，确定最佳阳离子聚合物的投入量。

解：根据题意可知，阳离子聚合物投入的试验总次数为 5 次。由斐波那契数列可知：

$$F_5 - 1 = 8 - 1 = 7,\ F_4 - 1 = 5 - 1 = 4$$

因此，$F_4 - 1 = 4 < 5 < F_5 - 1 = 7$。

（1）首先需要增加 2 个虚设点，使可能的试验总次数为 7，虚设点安排在两端，即一端一个虚设点，如图 3-6 所示。

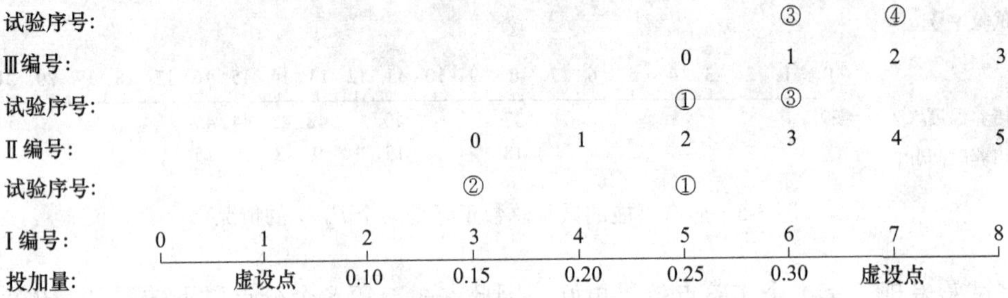

试验序号:							③	④	
Ⅲ编号:						0	1	2	3
试验序号:						①	③		
Ⅱ编号:				0	1	2	3	4	5
试验序号:				②		①			
Ⅰ编号:	0	1	2	3	4	5	6	7	8
投加量:		虚设点	0.10	0.15	0.20	0.25	0.30	虚设点	

图 3-6　所有可能的试验总数大于某个 F_n-1 而小于 $F_{n+1}-1$ 的情况

（2）第 1 个试验点选在第 5 个分点（0.25mg/L），第 2 个试验点则在第 3 个分点（0.15mg/L）。经过试验发现，第 1 个试验点的效果更好，因此舍弃第 3 个分点以下的阳离子聚合物用量，再重新编号。

（3）第 3 个试验点为新编号的第 3 个分点（0.3mg/L），对比第 1 个和第 3 个试验点的效果，发现第 3 个试验点效果更好，因此，舍弃第 2 个分点以下的，再重新编号。

（4）第 4 个试验点为虚设点，直接认为它的效果比第 3 个试验点更差，即第 3 个试验点最好，即阳离子聚合物的最佳投入量为 0.3mg/L。

3.2.3　其他方法

（1）对分法。该法一次安排一个试验，安排在试验范围的中点。该法使用属于序贯试验法，使用更为方便。

（2）对生法。该法基于对分法的思想每次安排两个试验，均在试验范围中点附近，经过比较两次试验结果后作出取舍，留下的部分再按照该法进行到底。

（3）同时试验法。该法是针对前述试验法一次只能做一个或两个试验的特征，把所有试验都一批安排，即同时做多个试验。该法比分数法更快。

（4）时延试验法。有些试验周期太长，或化验时间太长，等待结果出来再进行下个试验严重影响效率。因此，在上批试验结果还未出来就进行下批试验，试验结果隔一批或隔两批才出来的方法叫时延试验法。一般而言，时延不宜太长，一般为 1~2 个周期。

3.3　正交试验设计

对于单因素试验，可以采用黄金分割法、分数法等进行优选。然而在冶金研究实验中，影响因素往往很多，而且每个因素选取的水平数也较多，如果对每个因素的每个水平都互相搭配进行全面试验，所需进行的试验次数非常多。例如，对两因素、七水平的试验进行全面搭配试验，需要做 $7^2=49$ 次试验，对三因素、七水平的试验进行全面搭配试验，则需要做 $7^3=343$ 次试验，对六因素、七水平的试验进行全面搭配试验，则需要做 $7^6=117649$ 次试验，做如此多的试验，显然是非常困难的。既然全面搭配试验次数太多，是否能够选取一部分组合来做实验呢？能否在试验次数尽可能少的情况下，仍然能得到所需的实验结果呢？

正交试验设计就是一种已在实际中广泛使用，用部分水平组合代替全部水平组合进行试验，从而快速寻找出最优水平组合的方法。正交试验设计的主要工具是正交表。

3.3.1　正交表的概念与类型

正交表是根据统计学规律特制的表格。正交表的表达形式为 $L_n(k^m)$，其中 L 代表正交表，n 代表试验次数，k 代表水平数，m 代表安排的最大因素数。正交表常用的有 $L_4(2^3)$、$L_8(2^7)$、$L_9(3^4)$、$L_{16}(4^5)$、$L_{18}(2\times3^7)$、$L_{12}(2^{11})$ 等。例如，$L_8(2^7)$ 中各数字的意义分别为：7 为正交表所含列的数目，也就是该正交试验最多可安排的因素数量；2 为因素的水平数，表示所有因素均为 2 个水平；8 为该正交表的行数，也就是试验的次数。$L_{18}(2\times3^7)$ 中各数字的意义为：有 7 列可安排 3 水平的因素，有 1 列可安排 2 水平的因素，试验次数为 18。

3.3.1.1　正交表的性质

A　正交性

正交表任一列中各水平都出现，且出现的次数相等。任两列之间各种不同水平的所有可能组合都会出现，且出现的次数相等。即每个因素的一个水平与另一个因素的各个水平所有可能组合次数相等，表明任意两列各个数字之间的搭配是均匀的。

例如在两水平正交表 $L_4(2^3)$ 中，任何两列（同一横行内）有序对共有 4 种：(1，1)、(1，2)、(2，1)、(2，2)，每对出现的次数相等（见表 3-1）。三水平正交表 $L_9(3^4)$ 中，任意两列有序对共有 9 种，且每对出现的次数也都相等（见表 3-2），可以看出正交表试验点分布具有均衡性的特点。

表 3-1 $L_4(2^3)$ 正交表

试验号	列 1	列 2	列 3	试验号	列 1	列 2	列 3
1	1	1	1	3	2	1	2
2	1	2	2	4	2	2	1

表 3-2 $L_9(3^4)$ 正交表

试验号	列 1	列 2	列 3	列 4	试验号	列 1	列 2	列 3	列 4
1	1	1	1	1	6	2	3	1	2
2	1	2	2	2	7	3	1	3	2
3	1	3	3	3	8	3	2	1	3
4	2	1	2	3	9	3	3	2	1
5	2	2	3	1					

每一列中，不同的数字出现的次数相等。例如在两水平正交表 $L_4(2^3)$ 中，任意一列都有数码“1”和“2”，且任意一列中它们出现的次数相等；在三水平正交表 $L_9(3^4)$ 中，任意一列都有数码“1”“2”和“3”，且任意一列的 1、2、3 都各自出现 3 次，任意两列中，所构成的有序数对从上到下共有 9 种，既没有重复也没有遗漏。这反映了试验点分布的均匀性。

这两个数学性质就是正交性的体现，即“均匀分散，整齐可比”。每个因素的每个水平与另一个因素各水平各组合一次，体现了正交表的正交性。

B 代表性

正交表任一列的各水平都出现，使得部分试验包括了所有因素的所有水平；任两列的所有水平组合都出现，使任意两因素间的试验合并为全面试验；另外，由于正交表的正交性，正交试验的试验点必然均衡地分布在全面试验点中，具有很强的代表性。因此，部分试验寻找的最优条件与全面试验所找的最优条件，应有一致的趋势。

C 综合可比性

正交表任一列的各水平出现的次数相等，任两列间所有水平组合出现次数相等，使得任一因素各水平的试验条件相同。保证了在每列因素各水平的效果中，最大限度地排除了其他因素的干扰，可以综合比较该因素不同水平对试验指标的影响。

正交表中各列的地位平等，各列之间可以相互置换，称为列间置换；各行之间也可以相互置换；同一列中的水平数字也可以相互置换，称为水平置换。上述三种置换称为正交表的初等置换。在实际工作中，可以根据需要进行变换。

3.3.1.2 正交表的类别

(1) 等水平正交表。各列水平数相同的正交表称为等水平正交表。如

$L_4(2^3)$、$L_8(2^7)$ 等各列中的水平为 2，称为 2 水平正交表；$L_9(3^4)$、$L_{27}(3^{13})$ 等各列水平为 3，称为 3 水平正交表。

（2）混合水平正交表。各列水平数不完全相同的正交表称为混合水平正交表。如 $L_8(4\times2^4)$ 表中有一列的水平数为 4，有 4 列水平数为 2。即该表可以安排一个 4 水平因素和 4 个 2 水平因素。

3.3.1.3　正交试验的安排

正交试验设计的关键在于试验因素的安排。在不考虑交互作用的情况下，可以自由将各个因素安排在正交表的各列，只要不在同一列安排两个因素即可（否则会出现混杂）。但是要考虑交互作用时，就会受到一定的限制，如果任意安排，将会导致交互效应与其他效应混杂的情况。当实验根据正交表安排完成，即试验方案确定后，试验及后续分析都必须根据安排进行，不能随意改变。正交试验设计可以从所要考察的因素水平数决定最低的试验次数，进而选择合适的正交表。比如要考察 5 个 3 水平因素和 1 个 2 水平因素，则最低的试验次数为 $5\times(3-1)+1\times(2-1)=12$ 次。所以，要选择行数不小于 12，既有 2 水平列又有 3 水平列的正交表，则选择 $L_{18}(2\times3^7)$ 较为合适。

3.3.1.4　正交试验设计原理的直观解释

为什么正交试验设计不需做全面试验，仅需进行少数几次试验，同时取得良好的效果呢？下面通过三因素三水平试验进行说明。如考虑进行一个三因素（A、B、C），每个因素三个水平的试验。如果全面做试验，需要做 $3^3=27$ 次试验。试验方案见表 3-3。

表 3-3　三因素三水平试验的全面试验方案

因素		C_1	C_2	C_3
A_1	B_1	$A_1B_1C_1$	$A_1B_1C_2$	$A_1B_1C_3$
	B_2	$A_1B_2C_1$	$A_1B_2C_2$	$A_1B_2C_3$
	B_3	$A_1B_3C_1$	$A_1B_3C_2$	$A_1B_3C_3$
A_2	B_1	$A_2B_1C_1$	$A_2B_1C_2$	$A_2B_1C_3$
	B_2	$A_2B_2C_1$	$A_2B_2C_2$	$A_2B_2C_3$
	B_3	$A_2B_3C_1$	$A_2B_3C_2$	$A_2B_3C_3$
A_3	B_1	$A_3B_1C_1$	$A_3B_1C_2$	$A_3B_1C_3$
	B_2	$A_3B_2C_1$	$A_3B_2C_2$	$A_3B_2C_3$
	B_3	$A_3B_3C_1$	$A_3B_3C_2$	$A_3B_3C_3$

图 3-7 所示的立方体中包含了 27 个节点，可分别用来表示全面试验的 27 种水平组合。

若用正交试验设计，可以选用 $L_9(3^4)$ 正交表，见表 3-4。

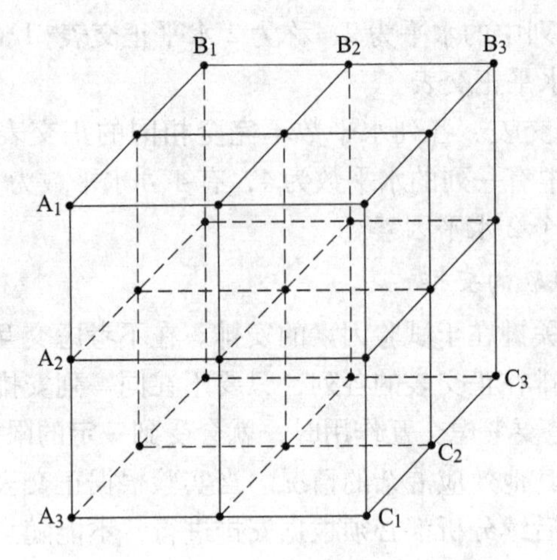

图 3-7 全面试验方案试验点分布图

表 3-4 正交表 $L_9(3^4)$

试验号	列号			
	1	2	3	4
1	1	1	1	1
2	1	2	2	2
3	1	3	3	3
4	2	1	2	3
5	2	2	3	1
6	2	3	1	2
7	3	1	3	2
8	3	2	1	3
9	3	3	2	1

若选用的 1、2、3 列安排 A、B、C 三个因素，则总共只需安排 9 次试验。这 9 种水平组合即为从全面试验 27 种水平组合中挑选出来的。如将 $L_9(3^4)$ 正交表中列号 1、2、3 放入相应的因素 A、B、C，则 A 列下面的 1、2、3 就代表 A_1、A_2、A_3。即 9 次试验为：(1) $A_1B_1C_1$；(2) $A_1B_2C_2$；(3) $A_1B_3C_3$；(4) $A_2B_1C_2$；(5) $A_2B_2C_3$；(6) $A_2B_3C_1$；(7) $A_3B_1C_3$；(8) $A_3B_2C_1$；(9) $A_3B_3C_2$。

正交试验设计选取的 9 种水平组合如图 3-8 所示，即相当于图 3-8 中用黑圆点标出的 9 个节点。

比较图 3-7 和图 3-8 可知，图 3-8 中这些圆点的分布具有以下特点：

(1) 立方体中的每一个面上圆点数相同，都是 3 个点；

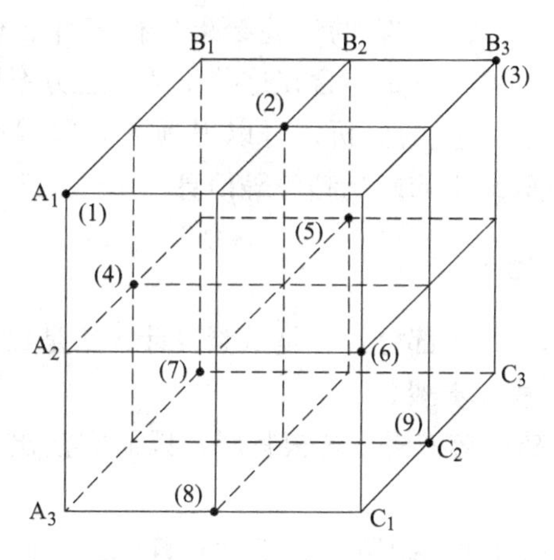

图 3-8 用 $L_9(3^4)$ 正交表安排的试验点分布

（2）立方体中的每一条线上圆点数相同，都是 1 个点。

这表明，每个因素的每个水平都有 3 次试验，水平的搭配是均匀的。即用正交表安排的试验方案各因素水平的搭配是均衡的，试验点均衡地分散在所有水平搭配组合之中。

正是由于这 9 个试验点分布均匀和巧妙，尽管试验次数不多，却能很好地反映各因素各水平的情况，可以得到与全面试验设计几乎同样好的结果。

从表 3-4 可以看出，这 9 次试验中包含水平 A_1 有 3 个试验，包含水平 A_2 和 A_3 的也各有 3 个试验，它们的试验组合方案为：

$$A_1\begin{cases}B_1C_1\\B_2C_2\\B_3C_3\end{cases}\qquad A_2\begin{cases}B_1C_2\\B_2C_3\\B_3C_1\end{cases}\qquad A_3\begin{cases}B_1C_3\\B_2C_1\\B_3C_2\end{cases}$$

这三组试验中，对因素 A 的各水平 A_1、A_2、A_3，其他因素 B 和 C 的三个水平都各出现了一次。相对来说，当对表中同一水平（A_1、A_2 或 A_3）的试验指标之和（或平均值）进行比较时，其他因素条件（B 和 C）是固定的。即因素 B、C 对因素 A 同一水平试验指标之和（或平均值）的影响大体相同，它们之间的差异是由于 A 因素选取了不同水平引起的。这就使水平 A_1、A_2、A_3 具有了可比性，它是选取各因素优秀水平的依据。同样，B、C 两因素也有类似的性质。采用正交试验法，能够反映出因素 B、C 变化的情况下因素 A 不同的水平对试验指标的影响，即具有“综合可比性”。正因为正交表安排试验具有“均衡搭配性”和“综合可比性”两个特点，才能取得减少试验次数的良好效果。

正交试验设计的优点主要表现在以下几个方面：

（1）能在所有试验方案中均匀地挑选出代表性强的少数试验方案。

（2）通过对这些少数试验方案的试验结果进行统计分析，可以推出较优的方案，而且得到的较优方案不一定包含在这些少数试验方案中。

（3）对试验结果做进一步的分析，可以得到各试验因素对试验结果影响的重要程度、各因素对试验结果的影响趋势等信息。

3.3.2 正交试验的基本步骤

正交试验设计总体包括两部分：一是试验设计，二是数据处理。以下例具体说明正交试验设计的方法和步骤。

【例 3-4】 用酸性硫脲溶液浸出含银物料，以研究浸出过程各因素对银浸出的影响情况。

解：（1）明确试验目的，确定试验指标。首先要明确试验目的。该试验的目的是从含银物料中提取金属银，通过试验确定最佳浸出工艺条件，从试验目的出发，试验指标应为银的浸出率。

（2）选因素、定水平。影响试验指标的因素较多，由于试验条件所限不可能全面考察，应根据试验目的选出主要因素，略去次要因素。选定因素后，再确定因素的水平数。根据冶金专业知识，考虑硫脲浓度（A）、硫酸浓度（B）、氧化剂（硫酸高铁）用量（C）、温度（D）、反应时间（E）、矿石粒度（F）、搅拌速度（G）及液固比（H）八个因素对银浸出率的影响。一般情况下，矿石粒度、搅拌速度和液固比取固定水平。如粒度小于2mm，搅拌速度700r/min，液固比3∶1。试验时前五个因素（A、B、C、D、E）都取3水平，见表3-5。

表 3-5　因素-水平表

因素	1	2	3
A 硫脲浓度/mol · L^{-1}	0.3	0.4	0.5
B 硫酸浓度/mol · L^{-1}	0.8	1.0	1.2
C 硫酸高铁用量/g	0.3	0.9	1.5
D 浸出温度/℃	40	60	80
E 浸出时间/h	1.5	2	2.5

（3）选正交表，进行表头设计。根据因素和水平数选择合适的正交表。选取原则为：

1）先看水平数。根据因素水平数选择正交表。若各因素都是3水平，选 $L(3^*)$ 表。若各因素的水平数不相同，则选择使用的混合水平表。

2）再看正交表列数是否能容下所有因素（包括交互作用）。一般一个因素占一列，交互作用所占列数与水平数有关。选用的正交表要能够容纳考察的因素和交互作用，为了对试验结果进行方差分析或回归分析，还必须至少留一个空白列，作为“误差”列。

3）看试验精度的要求。若精度要求高，则宜取试验次数多的正交表。

4）对某因素或交互作用的影响是否存在没有把握的情况下，选择正交表时应尽量选用大表，让影响存在的可能性较大的因素和交互作用占适当的列。至于某因素或某交互作用的影响是否存在，可通过方差分析进行显著性检验时进行判断。

另外，也可由试验次数应满足的条件来选择正交表，即自由度选表原则：

$$f_T^* \leqslant f_T = n - 1$$

式中 f_T^*——所考察因素及交互作用的自由度；

f_T——选所正交表的总自由度；

n——所选正交表的行数（试验次数），即正交表总自由度等于正交表的行数减 1。

即要考察的试验因素和交互作用的自由度总和应小于或等于所选正交表的总自由度。

对于正交表而言，确定所考察因素及交互作用的自由度有两条原则：

1）正交表每列的自由度：$f_{列}$=该列水平数-1

因素 A 的自由度：f_A=因素 A 的水平数-1

由于一个因素在正交表中占一列，即因素和列是等同的，每个因素的自由度等于该列的自由度；

2）因素 A、B 间交互作用的自由度：$f_{A\times B}=f_A\times f_B$。

对于两个 3 水平的因素，每个因素自由度为 2，交互作用的自由度是 2×2=4，交互作用列也是 3 水平的，所以交互作用 A×B 占 2 列。同理，两个 n 水平的因素，由于每个因素的自由度为 $n-1$，两个因素的交互作用的自由度为 $(n-1)^2$，交互作用列也是 n 水平，故交互作用列占 $n-1$ 列。

当需要进行方差分析时，所选正交表的行数（试验次数）n 必须满足：

$$n > f_T^* + 1 = \sum f_{因素} + \sum f_{交互作用} + 1$$

这样正交表至少有一空白列可用于估计试验误差。

若进行直观分析，不需要估计试验误差时，所选正交表的行数（试验次数）n 必须满足：

$$n \geqslant f_T^* + 1 = \sum f_{因素} + \sum f_{交互作用} + 1$$

本例中，A、B、C、D、E 为 3 水平因素，所以应选用 3 水平正交表，常用的有 $L_9(3^4)$ 和 $L_{27}(3^{13})$。前者安排不了 5 个因素，更无法考虑交互作用，显然应选用 $L_{27}(3^{13})$ 正交表。

选择好正交表后，将要考察的各因素及交互作用安排到正交表适当的列，成为表头设计。表头设计的原则为：

1）若考虑交互作用，则应先安排含有交互作用的因素，按照交互作用列表的规定进行表头设计（防止含有交互作用的因素发生混杂）。

2）若不考虑交互作用，则各因素可按照顺序入列或随机安排在各列上。

在进行表头设计时，应尽量避免出现混杂现象，即正交表的一列尽量只放一个因素或一个交互作用。若在一列上有两个因素或两个交互作用或一个因素一个交互作用，则称为混杂。应该尽可能避免混杂，否则会对数据分析产生干扰。

本例中考虑了A、B、C、D、E这5个因素，还应考虑交互作用A×B、A×D、A×E，则表头设计应为：因素A、B放在正交表$L_{27}(3^{13})$的第1、2两列，再根据$L_{27}(3^{13})$的交互作用表，查得交互作用A×B放置第3、4两列。然后将C因素放在第5列，照理6、7列应安排A与C的交互作用，由于不考虑此两因素的交互作用，因此留作空白列。因素D放在第8列，按照交互作用表，A与D的交互作用A×D应排在第9、10两列。因素E放在第11列，按照交互作用表，A与E的交互作用A×E应排在第12、13两列。见表3-6。

表3-6　表头设计

表头设计	A	B	A×B		C	空白列		D	A×D		E	A×E	
列号	1	2	3	4	5	6	7	8	9	10	11	12	13

（4）明确试验方案，进行试验，得到结果。表头设计完成之后，只要把正交表中各列上的数字1、2、3分别看成该列所占因素在各个试验中的水平数，这样正交表每一行对应着一个试验方案，即各因素的水平组合，根据试验方案，开始依次进行27个试验。所有试验完成之后，根据分析化验数据计算出每一个组合试验的指标值（银的浸出率）。

（5）对试验结果进行统计分析，确定最优条件。对正交试验结果的分析通常采用两种方法：一种是直观分析法，也叫极差分析法；另一种是统计分析法，也叫方差分析。通过试验结果分析可以得到因素主次顺序、因素显著性及最佳方案等信息。

（6）进行验证性试验，做进一步分析。对试验数据进行分析得出的最佳工艺条件，一般都要进行验证性试验，以试验来检验分析结果是否正确。如果验证性试验结果与分析所得条件基本一致，试验工作完成；若不一致，则需将试验与验证性试验重新进行审查，找出原因，予以纠正，并重新进行新的正交试验。

3.3.3　正交试验的极差分析

对正交试验结果的分析，通常采用两种方法：一种是极差分析法，另一种是方差分析法。本节介绍的极差分析法简单易懂、实用性强、应用广泛。通过极差分析，可以分辨出影响因素的主次、预测更好的水平组合，并能为进一步的试验设计提供依据。根据试验结果指标数量多少，正交试验设计可分为单指标试验设计（只有一个试验指标）和多指标试验设计（试验指标不少于2）。

【例3-5】 为提高某一冶金反应的转化率，选择反应温度、反应时间和催化剂种类三个因素进行研究，从中选取转化率最高的工艺条件。根据探索性实验，确定的因素及水平见表3-7。假定因素间无交互作用。

表3-7 因素-水平表

因素	A 温度/℃	B 反应时间/h	C 催化剂种类
1	130	3	甲
2	120	2	乙
3	110	4	丙

解： 本试验的目的是提高反应的转化率，试验因素和水平已知，采用极差分析法进行分析。

（1）选正交表。本例是3水平的试验，因此选用 $L_n(3^m)$ 型的正交表。由于有3个因素，且不考虑因素间的交互作用，因此只需满足 $m \geqslant 3$ 即可满足要求。$L_9(3^4)$ 是最小的 $L_n(3^m)$ 型的正交表，因此选择该正交表进行试验安排。

（2）表头设计。由于不考虑因素间的交互作用，因而可将3个因素放在任意三列上。本例将A、B、C三因素分别放在1、3、4列上，表头设计见表3-8。

表3-8 表头设计

因素	A	空白列	B	C
列号	1	2	3	4

不放置因素或交互作用的列称为空白列。空白列在正交试验设计的方差分析中也称为误差列，一般至少留一个空白列。

（3）明确试验方案。根据表头设计，将因素放入正交表 $L_9(3^4)$ 相应列，列出的试验方案见表3-9。

表3-9 试验方案

试验号	因素				试验方案
	A 温度/℃	空白列	B 反应时间/h	C 催化剂种类	
	1	2	3	4	
1	1(130℃)	1	1(3h)	1(甲)	$A_1B_1C_1$
2	1	2	2(2h)	2(乙)	$A_1B_2C_2$
3	1	3	3(1h)	3(丙)	$A_1B_3C_3$
4	2(120℃)	1	2	3	$A_2B_2C_3$

续表 3-9

试验号	因素				试验方案
	A 温度/℃	空白列	B 反应时间/h	C 催化剂种类	
	1	2	3	4	
5	2	2	3	1	$A_2B_3C_1$
6	2	3	1	2	$A_2B_1C_2$
7	3(110℃)	1	3	2	$A_3B_3C_2$
8	3	2	1	3	$A_3B_1C_3$
9	3	3	2	1	$A_3B_2C_1$

（4）按规定的方案做试验，得出试验结果。按照正交表的各试验号规定的水平组合进行试验，总共做 9 次试验，并将试验结果填写在表的最后一列，见表 3-10。

表 3-10 试验方案及试验结果分析

试验号	因素				转化率 X_i
	A 温度/℃	空白列	B 反应时间/h	C 催化剂种类	
	1	2	3	4	
1	1(130℃)	1	1(3h)	1(甲)	0.56
2	1	2	2(2h)	2(乙)	0.74
3	1	3	3(1h)	3(丙)	0.57
4	2(120℃)	1	2	3	0.87
5	2	2	3	1	0.85
6	2	3	1	2	0.82
7	3(110℃)	1	3	2	0.67
8	3	2	1	3	0.64
9	3	3	2	1	0.66
Ⅰ	1.87	2.10	2.02	2.07	
Ⅱ	2.54	2.23	2.27	2.23	
Ⅲ	1.97	2.05	2.09	2.08	
$k_{1'}$	0.623	0.700	0.673	0.690	
$k_{2'}$	0.847	0.743	0.757	0.743	
$k_{3'}$	0.657	0.683	0.697	0.693	
极差 R	0.224	0.06	0.084	0.053	
因素 主→次	A B C				
最优方案	$A_2B_2C_2$				

（5）计算极差，确定因素的主次顺序。k_i 表示任一列上水平为 $i(i=1$，2 或 3）对应的试验结果之和。由表 3-9 可以看出，第一列因素 A 为 1 水平，即温度为 130℃时，对应不同的反应时间和催化剂种类共做了三次试验，1、2、3 号试验转化率试验结果的代数和记为 I_A，I_A 称为 A 因素 1 水平的综合值：

$$\text{I}_\text{A} = X_1 + X_2 + X_3 = 0.56 + 0.74 + 0.57 = 1.87$$

第一列 A 为 2 水平时对应的 4、5、6 号试验的和记为 II_A，称为 A 因素 2 水平的综合值：

$$\text{II}_\text{A} = X_4 + X_5 + X_6 = 0.87 + 0.85 + 0.82 = 2.54$$

同理，A 因素 3 水平的综合值为：

$$\text{III}_\text{A} = X_7 + X_8 + X_9 = 0.67 + 0.64 + 0.66 = 1.97$$

显然，I_A 是 A 因素 1 水平出现三次，B、C 因素的 1、2、3 水平各出现一次，所以 I_A 反映了三次 A_1 水平的影响和 B、C 因素的 1、2、3 水平各一次的影响。同样，II_A（或 III_A）也反映了三次 A_2（或 A_3）水平和 B、C 因素的 1、2、3 水平各一次的影响。由此比较 I_A、II_A、III_A 的大小时，可以认为 B、C 因素对 I_A、II_A、III_A 的影响大体相同。因此，把 I_A、II_A、III_A 之间的差异看做是由于 A 三个不同水平而引起的，这就是正交表的均匀可比性。

同理，可以计算出因素 B 和因素 C 各水平的综合值。

$$\text{I}_\text{B} = X_1 + X_6 + X_8 = 0.56 + 0.82 + 0.64 = 2.02$$

$$\text{II}_\text{B} = X_2 + X_4 + X_9 = 0.74 + 0.87 + 0.66 = 2.27$$

$$\text{III}_\text{B} = X_3 + X_5 + X_7 = 0.57 + 0.85 + 0.67 = 2.09$$

$$\text{I}_\text{C} = X_1 + X_5 + X_9 = 0.56 + 0.85 + 0.66 = 2.07$$

$$\text{II}_\text{C} = X_2 + X_6 + X_7 = 0.74 + 0.82 + 0.67 = 2.23$$

$$\text{III}_\text{C} = X_3 + X_4 + X_8 = 0.57 + 0.87 + 0.64 = 2.08$$

由上述分析可知，正交表各列计算综合值的差异反映了各列因素取不同水平时对试验指标的影响。

具体计算中常将综合值除以试验次数得到综合平均值，即为 k_i（i 代表 1、2、3 水平）。如 A 因素 1 水平的综合平均值为 $k_{\text{A}1} = \text{I}_\text{A}/3 = 0.623$，同理计算出 A 因素 2、3 水平的 $k_{\text{A}2} = \text{II}_\text{A}/3 = 0.847$，$k_{\text{A}3} = \text{III}_\text{A}/3 = 0.657$。同理，可计算出因素 B、C 不同水平的综合平均值，详见表 3-10 中相应数值。由此，再计算出不同因素 k_i 的最大值与最小值之差，这个差值称为极差。A、B、C 三因素极差的计算结果如下：

第一列（A 因素）$R_\text{A} = 0.847 - 0.623 = 0.224$

第三列（B 因素）$R_\text{B} = 0.847 - 0.623 = 0.084$

第四列（C 因素）$R_\text{C} = 0.847 - 0.623 = 0.053$

将其结果列于表 3-10。由上述分析可知，每列极差的大小反映了该列因素由于水平变化对指标影响的大小。极差越大，表示该列因素的水平变化导致的试验指标变化越大，所以极差最大的那列，就是因素的水平对试验指标影响最大的因素，也就是最主要因素。本例中，$R_A>R_B>R_C$，所以各因素从主到次的顺序为：主$\xrightarrow{\text{ABC}}$次。

（6）最优方案的确定。最优方案是指在所做的试验范围内，各因素较优的水平组合。最优水平的确定与试验指标有关，若指标越大越好，则应选取使指标大的水平，即各列 k_i 中最大值对应的水平；反之，若指标越小越好，则应选取 k_i 中最小值的对应水平。

本例中，试验指标为反应的转化率，指标越大越好，所以应选取使每个因素 k_i 中最大值对应的水平。由于：

A 因素列：$k_2>k_3>k_1$

B 因素列：$k_2>k_3>k_1$

C 因素列：$k_2>k_3>k_1$

所以最优方案为 $A_2B_2C_2$，即反应温度 120℃、反应时间 2h、乙种催化剂。

另外，实际确定最优方案时，还应区分因素的主次。对于主要因素，要按有利于指标的要求选取最好的水平，而对于不重要的因素，由于其水平对试验结果的影响较小，则可以根据有利于降低消耗、提高效率等目的来选取水平。例如，本例中 C 因素（催化剂种类）重要性最低，假如丙种催化剂比乙种催化剂更廉价，则可以将最优方案中的 C_2 换成 C_3，于是最优方案变为 $A_2B_2C_3$，此方案正好是正交表中的第 4 号实验。

本例中，在正交表中的 9 次试验中，可以看出第 4 号试验方案是最好的。而通过极差分析得到的最优方案是 $A_2B_2C_2$，该方案并不包含在正交表的 9 次试验中，这正体现了正交试验的优越性，可以通过少数几次试验找出规律，从而推出最优试验方案。

（7）进行验证性试验，做进一步的分析。上述最优方案是通过极差分析得到的，但它究竟是不是真正的最优方案还需要进一步的验证。因此，按照 $A_2B_2C_2$ 的试验方案进行验证性试验，如果该方案比第 4 号试验结果更好，则可认为 $A_2B_2C_2$ 确实是最优方案。若验证性试验发现 $A_2B_2C_2$ 比第 4 号试验结果更差，则可能是有以下几个方面的原因：1）试验误差过大；2）有其他影响因素或交互作用没有考虑到；3）因素的水平选择不当。遇到这种情况，应分析原因，再做试验，直到分析得到最优条件。

以 k_i 对应因素 A、B、C 的不同水平作图 3-9，可以看出各因素改变水平对指标影响的变化规律。

从趋势图可以看出，反应温度（A）、反应时间（B）和催化剂种类（C）对

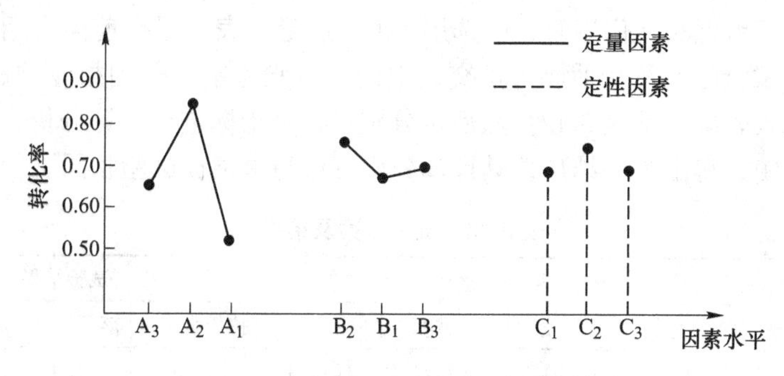

图 3-9 正交试验因素水平趋势图

指标的影响均出现了峰值。根据趋势图对一些重要因素的水平适当调整，选择更优的水平，再安排一批新的试验，也许会得到更优的试验方案。

3.3.4 多指标试验的极差分析

在冶金实际生产和科学试验中，整个试验结果的好坏往往不是一个指标能全面评判的，所以往往涉及多指标试验的设计。在多指标试验中，不同指标的重要程度常常不一致，各因素对不同指标的影响程度也不完全相同，需要兼顾各项指标，找出使各项指标尽可能好的试验条件，因此，多指标试验的分析相对较为复杂。本节介绍两种设计多指标正交试验的分析方法：综合平衡法和综合评分法。

3.3.4.1 综合平衡法

综合平衡法是先对每个指标分别进行单指标的直观分析，得到每个指标的影响因素主次顺序和最佳水平组合，再根据实际情况对各指标的分析结果进行综合比较和分析，得出最优方案。以下通过实例对综合平衡法进行解析。

【例 3-6】 某厂对精矿粉进行制粒焙烧试验，旨在解决粒子的质量问题，即满足抗压强度（kg/个）越大越好、落下强度（0.5m/次）越大越好和裂纹度（%）越小越好的三项指标要求。根据生产实际经验，以下因素：水分 A、粒度 B（以 $x\%$表示，如 80%）、碱度 C、膨润土 D 对精矿粉制粒有较大影响。每个因素取三个水平，见表 3-11。

表 3-11 因素-水平表

水 平	因 素			
	A 水分/%	B 粒度/%	C 碱度/%	D 膨润土/%
1	9	30	1.2	1.0
2	10	60	1.4	1.5
3	8	80	1.6	2.0

解： 在不考虑交互作用时，应选用 $L_9(3^4)$ 正交表。根据前面介绍的极差分析方法，将试验因素及水平填入正交表中制定试验方案，得到相应的试验指标，并将结果填入表中，见表 3-12。然后再分别对各个指标进行计算分析，并将分析结果进行平衡，得出统一结论，其计算分析方法与单指标试验相同。

表 3-12 试验方案及结果

试验号		因素				试验结果		
		A 水分	B 粒度	C 碱度	D 膨润土	抗压强度 u	落下强度 v	裂纹度 w
1		1(9)	1(30)	1(1.2)	1(1.0)	11.3	1.0	2
2		1	2(60)	2(1.4)	2(1.5)	4.4	3.5	3
3		1	3(80)	3(1.6)	3(2.0)	10.8	4.5	3
4		2(10)	1	2	3	7.0	1.0	2
5		2	2	3	1	7.8	1.5	1
6		2	3	1	2	23.6	15.0	0
7		3(8)	1	3	2	9.0	1.0	2
8		3	2	1	3	8.0	4.5	1
9		3	3	2	1	13.2	20.0	0
u	Ⅰ	26.5	27.3	42.9	32.3			
	Ⅱ	38.4	20.2	24.6	37.0			
	Ⅲ	30.2	47.6	27.6	25.8			
	K_1	8.83	9.10	14.3	10.77			
	K_2	12.8	6.73	8.20	12.33			
	K_3	10.07	15.87	9.20	8.60			
	R	3.97	9.14	6.10	3.73			
	因素主→次	B C A D						
	较优水平	$A_2B_3C_1D_2$						
v	Ⅰ	9.0	3.0	20.5	22.5			
	Ⅱ	17.5	9.5	24.5	19.5			
	Ⅲ	25.5	39.5	7.0	10.0			
	K_1	3.0	1.0	6.83	7.5			
	K_2	5.83	3.17	8.17	6.5			
	K_3	8.5	13.17	2.33	3.33			
	R	5.5	12.17	5.84	4.17			
	因素主→次	B C A D						
	较优水平	$A_3B_3C_2D_1$						

续表 3-12

试验号		因素				试验结果		
		A 水分	B 粒度	C 碱度	D 膨润土	抗压强度 u	落下强度 v	裂纹度 w
w	Ⅰ	8	6	3	3			
	Ⅱ	3	5	5	5			
	Ⅲ	3	3	6	6			
	K_1	2.67	2.00	1.00	1.00			
	K_2	1.00	1.67	1.67	1.67			
	K_3	1.00	1.00	2.00	2.00			
	R	1.67	1.00	1.00	1.00			
	因素主→次	A、B、C、D 地位相等						
	较优水平	$A_2A_3B_3C_1D_1$						

（1）四个因素对试验指标关系为：

1）对于抗压强度 u，因素主次影响顺序为 B>C>A>D；

2）对于落下强度 v，因素主次影响顺序为 B>C>A>D；

3）对于裂纹度 w，因素主次影响顺序为 B=C=A=D。

（2）从试验结果可直接看出：

1）对抗压强度 u 而言，6 号试验最好，其组合条件为 $A_2B_3C_1D_2$；

2）对落下强度 v 而言，9 号试验最好，其组合条件为 $A_3B_3C_2D_1$；

3）对裂纹度 w 而言，裂纹度要求越少越好，因此，组合条件 $A_2B_3C_1D_2$ 和 $A_3B_3C_2D_1$ 都好。

由上述结果可以看出，对于抗压强度、落下强度和裂纹度三个指标的组合条件不完全一致。若将三个指标的重要性视为同等，要得出一致的条件，就需要综合分析，权衡利弊。

（3）综合平衡选取最优生产条件：

1）对于因素 B（粒度），它对三项指标都很重要且一致，取 B_3 最好；

2）对于因素 A（水分），它对裂纹度 w 是重要因素，对抗压强度 u、落下强度 v 次之。对 u 而言，取 A_2 好；对 v 而言，取 A_3 好；对 w 而言，取 A_2 和 A_3 同样好。

3）对于因素 C（碱度），对 v 而言，取 C_2 好；对 u 和 w 而言，取 C_1 好。而 C_1 和 C_2 相差不大，考虑经济问题，应尽可能少消耗试剂，所以取 C_1 好。

4）对于因素 D（膨润土），是相对重要性最低的因素。对 u 而言，取 D_2 好；对 u 和 w 而言，D_1 和 D_2 相差不大，可取 D_1。

通过上述综合平衡，认为一致的条件应为 $A_3B_3C_1D_1$ 或 $A_2B_3C_1D_1$。

（4）验证性试验。对选取的最优生产条件 $A_3B_3C_1D_1$ 或 $A_2B_3C_1D_1$ 进行试验，判断是否达到试验指标的要求。

可见，综合平衡法要对每一个指标单独进行分析，因此，计算工作量较大，但同时也可以获得较多的信息。多指标的综合平衡相对较为困难，一般而言，当指标重要性不同等时，原则上应侧重考虑主要指标，次要指标作为参考，适当搭配。

3.3.4.2 综合评分法

综合评分法是根据各个指标的重要程度，对得出的试验结果进行分析，给每一个试验评出一个分数，作为试验的总指标，然后根据这个总指标（分数），利用单指标试验结果的极差分析法做进一步的分析，确定较好的试验方案。即将多指标转化为单指标，从而得到多指标试验的结论。显然，这个方法的关键是如何评分。

仍以例3-6的试验结果进行讨论。评分标准可用100分制，可以用10分制或5分制。本例以100分制进行综合评分讨论。把抗压强度 u、落下强度 v 和裂纹度 w 看作同等重要。现将 u 指标的24，v 指标的15和 w 指标的0看作是最好指标，它们之和的评分记为100分，它们各次应记33.3分。假定 u 和 v 每增加（或减少）1就加（或减）1分，而 w 每增加1减11.1分，则通过这种方式得到各试验的综合评分结果见表3-13。

表3-13 综合评分计算

试验号	因素				试验结果			综合评分
	A 水分	B 粒度	C 碱度	D 膨润土	抗压强度 u	落下强度 v	裂纹度 w	
1	1(9)	1(30)	1(1.2)	1(1.0)	11.3	1.0	2	51
2	1	2(60)	2(1.4)	2(1.5)	4.4	3.5	3	36
3	1	3(80)	3(1.6)	3(2.0)	10.8	4.5	3	44
4	2(10)	1	2	3	7.0	1.0	2	47
5	2	2	3	1	7.8	1.5	1	60
6	2	3	1	2	23.6	15.0	0	100
7	3(8)	1	3	2	9.0	1.0	2	49
8	3	2	1	3	8.0	4.5	1	63
9	3	3	2	1	13.2	20.0	0	94
Ⅰ	175	180	235	225				
Ⅱ	220	185	200	210				
Ⅲ	225	255	185	185				
K_1	58.3	60.0	78.3	75.0				
K_2	73.3	81.7	68.7	70.0				

续表 3-13

试验号	因素				试验结果			综合评分
	A 水分	B 粒度	C 碱度	D 膨润土	抗压强度 u	落下强度 v	裂纹度 w	
K_3	75.0	85.0	61.7	61.7				
R	3.97	9.14	16.6	13.3				
因素主→次	B C A D							
较优水平	$A_3B_3C_1D_1$							

从表 3-13 可得出如下结论：

（1）从极差 R 值可看出因素对指标影响的主次顺序：B>A>C>D。

（2）从试验结果的综合评分值可看出：6 号试验（100 分）效果最好，其组合条件为 $A_2B_3C_1D_2$；9 号试验（94 分）效果次之，其组合条件为 $A_3B_3C_2D_1$。

（3）从计算结果可看出较好的组合条件为 $A_3B_3C_1D_1$ 或 $A_2B_3C_2D_1$。

（4）通过综合评分分析，明确了进一步试验的方向。

通过权衡利弊，进行全面分析可知：

（1）粒度 B 是主要因素，以 B_3(80%）为最好，即小粒度精矿占比重越大越好。

（2）水分 A 和碱度 C 是次要因素，从极差 R 值可看出大小差不多。水分 A 取 A_2 或 A_3 都可以，而碱度 C 取 C_1 较好。

（3）膨润土 D 是一般因素，取 D_1 或 D_2 均可，考虑经济成本，取最小值 D_1 较好。

由于较优组合条件 $A_3B_3C_1D_1$ 或 $A_2B_3C_1D_1$ 均不在试验方案之中，因而必须进行验证性试验。

通过将综合平衡法和综合评分法进行对比，可以发现两种方法处理结果一致，这并非巧合，而是因为两种方法都能反映试验实际情况。

3.3.5 正交试验的方差分析

通过前述极差分析法可以发现，极差分析法方法简单，只需少量计算就可以得到较优的组合方案，但该法没有考虑误差，也没有一个标准定量判断因素的影响作用是否显著。而正交表的方差分析可以把因素水平变化引起试验数据间的差异和误差引起试验数据的差异区分开来，并能定量描述因素的影响作用是否显著。

现在将正交试验的方差分析包含的内容归纳如下：设用正交表安排 m 个因素的试验，试验总次数为 n，试验结果分别为 X_1、X_2、X_3、…、X_n，假定每个因素有 n_a 个水平，每个水平做 a 次试验，则 $n=an_a$，现分析以下几个问题。

3.3.5.1 计算总偏差平方和（S_T）

总偏差平方和是试验中所有试验数据与它们算术平均值之差的平方和，以 S_T 表示。平均值 $\overline{X}$ 为：

$$\overline{X} = \frac{1}{n}\sum_{k=1}^{n} X_k$$

$$S_T = \sum_{k=1}^{n}(X_k - \overline{X})^2 - n\overline{X}^2 = \sum_{k=1}^{n} X_k^{\ 2} - n\overline{X}^2$$

令
$$\sum_{k=1}^{n} X_k^{\ 2} = Q_T,\ \frac{1}{n}\left(\sum_{k=1}^{n} X_k\right)^2 = P$$

则
$$S_T = Q_T - P$$

S_T 反映了试验结果的总差异，S_T 越大，说明各次试验的结果之间的差异越大。试验的结果之所以会有差异，一是由因素水平的变化所引起，二是因为试验误差引起。

3.3.5.2 各因素偏差平方和（$S_{因}$）

定量描述由因素水平变化引起数据波动的量称为因素偏差平方和，记为 $S_{因}$。因素各水平下数据的平均值大致围绕数据的总平均值波动。因此，可用各水平下数据平均值与总平均值之差的平方和来估计由于因素水平变化引起的数据波动，这个平方和就是因素偏差平方和。

以计算因素 A 的偏差平方和 S_A 为例说明。设因素 A 安排在正交表的某列，可看作单因素试验。用 X_{ij} 表示因素 A 的第 i 个水平的第 j 个试验结果（$i=1$，2，…，n_a；$j=1$，2，…，a），则有：

$$S_A = \frac{1}{a}\times\sum_{i=1}^{n_a}\left(\sum_{j=1}^{a} X_{ij}\right)^2 - \frac{1}{n}\sum_{i=1}^{n_a}\sum_{j=1}^{a} X_{ij}^{\ 2} = Q_A - P$$

需要指出的是，对于两因素的交互作用，可把它当成一个新的因素看待。如果交互作用占两列，则交互作用的偏差平方和等于这两列偏差平方和相加，比如

$$S_{A\times B} = S_{(A\times B)1} + S_{(A\times B)2}$$

3.3.5.3 误差偏差平方和（S_e）

正交表各列排满没有空列时，在某一条件下重复试验，如果没有误差，都应等于真值。但实际上试验结果与真值存在一定差异，该差异称为误差。由于误差的影响得不到真值，只能用平均值替代真值。一般用各试验数据与平均值的偏差来近似估计误差，为消除各偏差值正负的互相抵消，将偏差平方后再相加，这个偏差平方和称为误差偏差平方和（S_e）。

当正交表有空列时，可用空列的偏差平方和求得 S_e（与计算 $S_{因}$ 方法相同）。因为空列没有安排因素，所以引起数据波动的原因不包含因素水平的改变，它只能是误差引起，其数值反映了试验误差的大小。

因为

$$S_T = S_{因素+交互作用} + S_e$$

所以

$$S_e = S_T - S_{因素+交互作用}$$

3.3.5.4 计算自由度

试验的总自由度　　$f_{总}$ = 试验总次数 - 1 = $n - 1$

各因素的自由度　　$f_{因}$ = 因素的水平数 - 1 = $n_a - 1$

两因素交互作用的自由度等于两因素的自由度之积，如

$$f_{A\times B} = f_A \times f_B$$

误差的自由度记为f_e，因为

$$f_{总} = f_{因素+交互作用} + f_e$$

所以

$$f_e = f_{总} - f_{因素+交互作用}$$

3.3.5.5 计算平均偏差平方和（方差）

用$S_{因}$、S_e来估计因素水平变动引起的数据波动和误差引起的数据波动时，试验数据个数越多，平方和越大，可见$S_{因}$、S_e不仅与数据本身的变动有关，还与数据个数有关。为了消除数据个数的影响，引入了自由度，将$S_{因}$、S_e除以其响应的自由度，便消除了数据个数的影响。$S_{因}/f_{因}$称为因素方差，S_e/f_e称为误差方差。

3.3.5.6 显著性检验

比较$S_{因}/f_{因}$与S_e/f_e的大小，若$S_{因}/f_{因} \approx S_e/f_e$，说明该因素的水平改变对指标的影响在误差范围之内，各水平对指标的影响无显著差异；若$S_{因}/f_{因} > S_e/f_e$，表明因素水平变化对指标的影响超过了误差造成的影响。然后，究竟大多少才能确定因素对指标影响是否显著呢？为了有一个标准定量地确定显著影响因素的个数，引入了F比计算，其计算公式为：

$$F = \frac{S_{因}/f_{因}}{S_e/f_e}$$

只有当F值大于F的临界值时，该因素对指标的影响才是显著的。

F临界值可根据统计学原理而编制的F分布表查得（见附表2~附表4）。F分布表的横行f_1代表F比计算中分子的自由度，竖行f_2代表F比计算中分母的自由度，由f_1和f_2查得表中的数值即为该条件下的F临界值。常用的F表有α为0.01、0.05、0.10、0.25几种。α称为信度，表示出现错误的概率。当$F_A > F$，$\alpha = 0.05$时，则有$(1-\alpha)\times 100\% = 95\%$的把握说明因素A是显著的，这一判断错误的概率为5%。

显著性检验的做法是，首先计算F_i，再根据f_i和f_e在选定的α下查F表，

得到 F 临界值 $F_{\alpha}(f_i, f_e)$，再与 F_i 进行比较：

（1）当 $F_i > F_{0.01}(f_i, f_e)$，说明因素 i 对指标的影响高度显著，记为 * *；

（2）当 $F_{0.01}(f_i, f_e) > F_i > F_{0.05}(f_i, f_e)$，说明因素 i 对指标的影响显著，记为 *；

（3）当 $F_{0.1}(f_i, f_e) > F_i > F_{0.05}(f_i, f_e)$，说明因素 i 对指标具有一定影响，记为⊕；

（4）当 $F_{0.25}(f_i, f_e) > F_i > F_{0.1}(f_i, f_e)$，说明因素 i 对指标基本无影响。

以下通过举例对正交试验方差分析进行说明。

【例 3-7】 为了提高某冶金反应中反应产物的产量，需要考虑 3 个因素：反应温度（A）、压力（B）和溶液浓度（C），每个因素取 3 个水平，具体数值见表 3-14。考虑因素之间的所有一级交互作用，试对该试验进行方差分析，并找出最好的工艺条件。

表 3-14　因素-水平表

水　平	因　素		
	A(温度)/℃	B(压力)/MPa	C(浓度)/%
1	60	2.0	0.5
2	65	2.5	1.0
3	70	3.0	2.0

解： 该试验为 3 因素 3 水平试验，每个因素占一列，每两个因素的交互作用占两列。三个因素所以一级交互作用共有 3 个（A×B、A×C、B×C），共占 6 列，3 个因素 A、B、C 各占 1 列，总共占 9 列，另外考虑误差列，应选正交表 $L_{27}(3^{13})$。根据相应交互作用表，将各因素和交互作用排列在表 3-15 中，试验结果和分析计算结果也一起列在表 3-15 中。

表 3-15　正交试验计算结果

试验号	列　号													
	1	2	3	4	5	6	7	8	9	10	11	12	13	产量
	A	B	$(A\times B)_1$	$(A\times B)_2$	C	$(A\times C)_1$	$(A\times C)_2$	$(B\times C)_1$			$(B\times C)_2$			X_k
1	1	1	1	1	1	1	1	1	1	1	1	1	1	1.30
2	1	1	1	1	2	2	2	2	2	2	2	2	2	4.63
3	1	1	1	1	3	3	3	3	3	3	3	3	3	7.23
4	1	2	2	2	1	1	1	2	2	2	3	3	3	0.50
5	1	2	2	2	2	2	2	3	3	3	1	1	1	3.67
6	1	2	2	2	3	3	3	1	1	1	2	2	2	6.23

续表 3-15

试验号	列号													
	1	2	3	4	5	6	7	8	9	10	11	12	13	产量
	A	B	$(A \times B)_1$	$(A \times B)_2$	C	$(A \times C)_1$	$(A \times C)_2$	$(B \times C)_1$			$(B \times C)_2$			X_k
7	1	3	3	3	1	1	1	3	3	3	2	2	2	1.37
8	1	3	3	3	2	2	2	1	1	1	3	3	3	4.73
9	1	3	3	3	3	3	3	2	2	2	1	1	1	7.07
10	2	1	2	3	1	2	3	1	2	3	1	2	3	0.47
11	2	1	2	3	2	3	1	2	3	1	2	3	1	3.47
12	2	1	2	3	3	1	2	3	1	2	3	1	2	6.13
13	2	2	3	1	1	2	3	2	3	3	3	1	2	0.33
14	2	2	3	1	2	3	1	3	1	2	1	2	3	3.40
15	2	2	3	1	3	1	2	1	2	3	2	3	1	5.80
16	2	3	1	2	1	2	3	3	1	2	2	3	1	0.63
17	2	3	1	2	2	3	1	1	2	3	3	1	2	3.97
18	2	3	1	2	3	1	2	2	3	1	1	2	3	6.50
19	3	1	3	2	1	3	2	1	3	2	1	3	2	0.03
20	3	1	3	2	2	1	3	2	1	3	2	1	3	3.40
21	3	1	3	2	3	2	1	3	2	1	3	2	1	6.80
22	3	2	1	3	1	3	2	2	1	3	3	2	1	0.57
23	3	2	1	3	2	1	3	3	2	1	1	3	2	3.97
24	3	2	1	3	3	2	1	1	3	2	2	1	3	6.83
25	3	3	2	1	1	3	2	3	2	1	2	1	3	1.07
26	3	3	2	1	2	1	3	1	3	2	3	2	1	3.97
27	3	3	2	1	3	2	1	2	1	3	1	3	2	6.57
Ⅰ	36.73	33.46	35.63	34.30	6.27	32.94	34.21	33.33			32.98			100.64
Ⅱ	30.70	31.30	32.08	31.73	35.21	34.66	33.13	33.04			33.43			
Ⅲ	33.21	35.88	32.90	34.61	59.16	33.04	33.30	34.27			34.23			
$Ⅰ^2$	1349.09	1119.57	1269.50	1176.49	39.31	1085.04	1170.32	1110.89			1087.68			
$Ⅱ^2$	942.49	979.69	1029.13	1006.79	1239.74	1201.32	1097.60	1091.64			1117.56			
$Ⅲ^2$	1102.90	1287.37	1084.39	1197.85	3499.91	1091.64	1108.89	1174.43			1171.69			
Q	377.17	376.29	375.89	375.68	531.00	375.33	375.20	375.22			375.22			
S	2.04	1.17	1.32		155.87	0.28		0.09			0.09			

根据计算公式得：

$$P=\frac{1}{n}\left(\sum_{k=1}^{n}X_k\right)^2=\frac{1}{27}\times 100.64^2=375.13$$

$$Q_A=\frac{1}{a}\times\sum_{i=1}^{n_a}\left(\sum_{j=1}^{a}X_{ij}\right)^2=\frac{1}{9}\times(36.73^2+30.70^2+33.21^2)=377.17$$

相应地，计算出：

$$Q_B=\frac{1}{9}\times(33.46^2+31.30^2+35.88^2)=376.29$$

$$Q_C=\frac{1}{9}\times(6.27^2+35.21^2+59.16^2)=531.00$$

$$Q_{(A\times B)1}=\frac{1}{9}\times(35.63^2+32.08^2+32.93^2)=375.89$$

$$Q_{(A\times B)2}=\frac{1}{9}\times(34.30^2+31.73^2+34.61^2)=375.68$$

$$Q_{(A\times C)1}=\frac{1}{9}\times(32.94^2+34.66^2+33.04^2)=375.33$$

$$Q_{(A\times C)2}=\frac{1}{9}\times(34.21^2+33.13^2+33.30^2)=375.20$$

$$Q_{(B\times C)1}=\frac{1}{9}\times(33.33^2+33.04^2+34.27^2)=375.22$$

$$Q_{(B\times C)2}=\frac{1}{9}\times(32.98^2+33.43^2+34.23^2)=375.22$$

由此，计算出：

$$S_A=Q_A-P=2.04;\quad S_B=Q_B-P=1.17;\quad S_C=Q_C-P=155.87$$

$$S_{A\times B}=S_{(A\times B)1}+S_{(A\times B)2}=Q_{(A\times B)1}+Q_{(A\times B)2}-2P=1.32$$

$$S_{A\times C}=S_{(A\times C)1}+S_{(A\times C)2}=Q_{(A\times C)1}+Q_{(A\times C)2}-2P=0.28$$

$$S_{B\times C}=S_{(A\times B)1}+S_{(B\times C)2}=Q_{(B\times C)1}+Q_{(B\times C)2}-2P=0.18$$

计算总平方和，得到：

$$Q_T=\sum_{k=1}^{27}X_k^2=536.33,\quad S_T=Q_T-P=536.33-375.13=161.20$$

$$S_e=S_T-(S_{因}+S_{交互作用})=S_T-(S_A+S_B+S_C+S_{A\times B}+S_{A\times C}+S_{B\times C})=0.34$$

再计算各因素及交互作用的自由度：

$$f_A=f_B=f_C=3-1=2,\quad f_{A\times B}=f_{A\times C}=f_{B\times C}=2\times 2=4$$

$$f_{总}=n-1=27-1=26,\quad f_e=f_{总}-f_{因+交}=26-18=8$$

从而可以求出各因素和交互作用的 F 值：

$$F_A=\frac{\frac{S_A}{f_A}}{\frac{S_e}{f_e}}=\frac{\frac{2.04}{2}}{\frac{0.34}{8}}=24,\quad F_B=\frac{\frac{S_B}{f_B}}{\frac{S_e}{f_e}}=\frac{\frac{1.17}{2}}{\frac{0.34}{8}}=13.76,\quad F_C=\frac{\frac{S_C}{f_C}}{\frac{S_e}{f_e}}=\frac{\frac{155.87}{2}}{\frac{0.34}{8}}=1833.77$$

$$F_{A\times B}=\frac{\frac{S_{A\times B}}{f_{A\times B}}}{\frac{S_e}{f_e}}=\frac{\frac{1.32}{4}}{\frac{0.34}{8}}=7.76,\quad F_{A\times C}=\frac{\frac{S_{A\times C}}{f_{A\times C}}}{\frac{S_e}{f_e}}=\frac{\frac{0.28}{4}}{\frac{0.34}{8}}=1.65,\quad F_{B\times C}=\frac{\frac{S_{B\times C}}{f_{B\times C}}}{\frac{S_e}{f_e}}=\frac{\frac{0.18}{4}}{\frac{0.34}{8}}=1.06$$

再与 F 分布表中查出的相应临界值 $F_\alpha(f_{因}, f_{误})$ 比较，判断各因素显著性的大小。

$$F_{0.01}(2,8)=8.65,\ F_{0.05}(2,8)=4.46,\ F_{0.1}(2,8)=3.11$$

$$F_{0.01}(4,8)=7.01,\ F_{0.05}(4,8)=3.84,\ F_{0.1}(4,8)=2.81$$

显著性检验结果为：

（1）$F_A=24>F_{0.01}(2,8)=8.65$，因此，因素 A 对指标影响为高度显著。

（2）$F_B=13.76>F_{0.01}(2,8)=8.65$，因此，因素 B 对指标影响为高度显著。

（3）$F_C=1833.77>F_{0.01}(2,8)=8.65$，因此，因素 C 对指标影响为高度显著。

（4）$F_{A\times B}=7.76>F_{0.01}(4,8)=7.01$，因此，交互作用 A×B 对指标影响为高度显著。

（5）$F_{A\times C}=1.65<F_{0.1}(4,8)=2.81$，因此，交互作用 A×C 对指标基本无影响。

（6）$F_{B\times C}=1.06<F_{0.1}(4,8)=2.81$，因此，交互作用 B×C 对指标基本无影响。

根据方差分析各因素的 F 值，因素 A、B、C 和交互作用 A×B 对指标影响主次顺序为：C>A>B>A×B。

由于该试验指标为产物产量，希望产量越高越好，因此，最佳水平组合为 $A_1B_3C_3$。

复习思考题

3-1　何谓优选法？

3-2　0.618 法在单因素试验中的意义是什么，其优缺点分别是什么？

3-3 什么是正交试验或正交设计，正交表具有哪些特性？

3-4 什么是极差？试述极差分析的实质及其优缺点。

3-5 什么是方差，方差分析有什么特点？

3-6 采用三因素三水平正交试验设计研究某氧化剂转化率的试验，试验结果见表 3-16。试对该试验结果分别进行极差分析和方差分析，确定各因素对转化率影响的显著程度并找出最优试验条件。

表 3-16 试验结果

试验号	列号			
	A	B	C	x
	温度/℃	时间/min	试剂用量/倍	转化率/%
1	50	30	1.2	51
2	50	45	1.6	71
3	50	60	2.0	58
4	65	30	1.6	82
5	65	45	2.0	69
6	65	60	1.2	59
7	80	30	2.0	77
8	80	45	1.2	85
9	80	60	1.6	84

4 试验研究基本技术

冶金试验研究的影响因素复杂多变，其中最为关键的是温度和压力，无论是从热力学上还是动力学上都对冶金反应过程具有重要作用。本章主要讨论冶金试验研究的基本技术，包括高温的获取和测量控制、气氛的获取与测量控制（包括高压、真空以及混合气氛）以及相关的设备和材料，通过本章的学习可掌握冶金试验研究的基本技能，为更准确地获得实验数据结果、更好地使用和维护试验设备扫除障碍。

4.1 温　　度

冶金试验根据温度条件的不同一般分为火法冶金过程和湿法冶金过程，对于火法冶金过程，试验往往在高温条件下进行，因此，必须掌握高温获取、温度测量和耐火防护等基础知识，为高温试验研究提供必要的知识储备。

4.1.1 高温获取

实验室采用电加热高温炉获得高温。工业炉常采用燃料燃烧获得需要的高温，虽然成本较低、温度易于达到，但炉温难以控制。而电加热炉结构简单，温度、气氛易于精确控制，适合实验室小规模试验应用。两种实验室常用的电加热高温炉为电阻炉和感应炉，此外，在某些特殊场合和应用领域也会使用其他高温炉，比如等离子电弧炉、电子束炉、微波加热炉等。

4.1.1.1 电阻炉

电阻炉通过电阻将电能转变为热能，获得试验预设的高温。其发热原理是电流通过电阻为 R 的电热体时，产生功率为 $W=I^2R$ 的焦耳热，成为电阻炉的热源。在稳定的电源作用和散热条件下，当电热体产生的热量与炉体散热达到平衡时，电阻炉即获得稳定的温度分布。炉内恒温区温度及温度分布由电热体、炉衬以及炉体环境共同决定。电阻炉设备简单、温度控制精确、温度分布均匀、气氛容易控制，所以在实验室最为常用。

A　电阻炉结构

根据结构形式的不同，实验室用电阻炉分为管式炉（立式或卧式）和箱式炉等，其组成结构基本相同，图 4-1 所示为常用管式电阻炉的结构示意图。

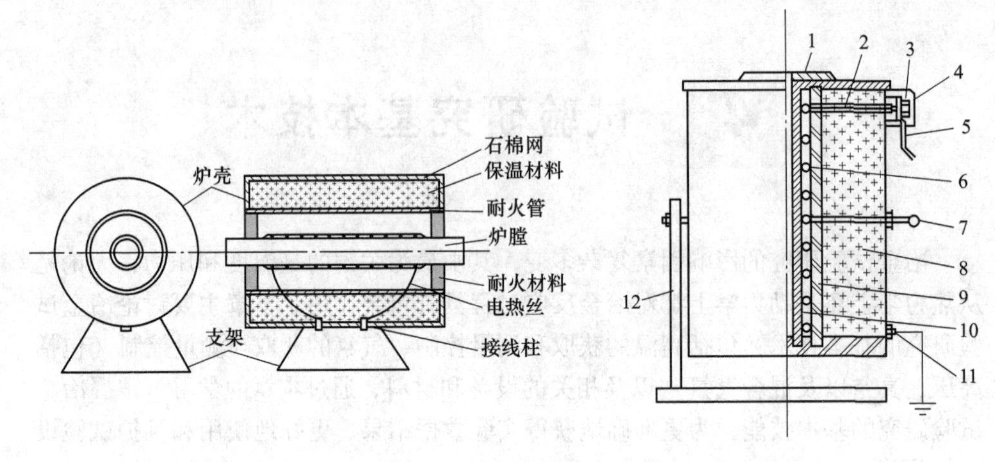

图 4-1 管式电阻炉结构示意图

1—炉盖；2—绝缘瓷珠；3—接线柱；4—接线保护罩；5—电源导线；6—电热体；
7—控温热电偶；8—绝热保温材料；9—耐火管；10—炉管；11—接地螺丝；12—炉架

管式电阻炉主要由以下部分组成：

(1) 电热体。电热体是电阻炉的发热元件，是最关键的部件，决定了电阻炉的工作性能和寿命。其作用是把电能转换为热能，将实验样品加热到所需的温度。

(2) 测温装置。电阻炉常用的测温元件为热电偶，其热端应靠近电热体，保证测温和控温的准确性。热电偶一般固定在炉壳上，并加以密封。

(3) 炉管。常用刚玉作为炉管，位于炉子中心位置，构成炉膛主体部分。炉管内部用来放置样品坩埚，同时连接各种阀门、密封件，起到密封作用，方便控制炉膛气氛。

(4) 炉衬。炉衬由隔热保温材料构成，主要作用是减少热损失并维持温度稳定。一般要求炉衬材料导热系数低、热容小，并具有一定的耐火度。目前常用轻质耐火砖和各种耐热纤维作为炉衬。

(5) 炉壳。炉壳一般用钢板焊接而成。炉壳的尺寸取决于炉膛的大小、炉衬的厚度、炉温的高低等因素，炉壳厚度要满足强度和加工的要求。可根据需要选择是否水冷，进水口应设置在下端，出水口应设在最高处。

(6) 炉架。用于支撑炉体质量，提供稳定可靠的炉体环境。

B 电热体

常用电热体根据材质的不同，分为金属和非金属两大类。电热体主要性能参数有：

(1) 最高使用温度。电热体最高使用温度指元件最高表面温度，电阻炉炉膛最高温度由电热体最高使用温度决定，一般地，炉膛温度比电热体表面温度低

50~150℃。大部分电热体（例如金属、碳化物、硅化物等）在高温氧化性气氛下与氧发生反应，在表面生成致密的保护性膜层，阻止元件的进一步氧化，因此在氧化性气氛下，最高使用温度可达1800℃。而当最高使用温度更高时，电热体必须采用高熔点材料，例如钨、钼或石墨等，并且在真空、惰性或者还原性气氛下工作。

（2）电阻系数及电阻温度系数。电阻系数，又称电阻率，是20℃下单位长度电阻阻值与横截面积的乘积，常用单位为Ω·cm，反映了材料本身的导电能力。电热体的电阻系数随温度的变化而变化，单位温度的电阻系数变化率称为电阻温度系数，是衡量电阻随温度变化规律的关键参数。电阻温度系数小，则电阻阻值随温度的变化保持稳定，有利于温度的维持和精确控制。

（3）表面负荷及允许表面负荷。表面负荷是指电热体单位工作面积上承担的功率，常用单位为 W/cm^2。在加热功率一定的条件下，电热体表面负荷越大，则电热体材料用量越少。表面负荷与电热体的寿命密切相关，表面负荷越大，则电热体寿命越短。电热体允许表面负荷是电热体重要设计参数，综合考虑了寿命和成本的因素从大量时间经验中总结而来，不同材质规格、不同工作状态电热体的允许表面负荷不同。

此外，电热体其他性能参数还包括化学稳定性、导热系数、高温强度、热膨胀系数、加工性能等。

实验室常用电热体材料化学成分和主要性能见表4-1。

在金属电热体中常用的有铁铬铝合金和镍铬合金、铂-铑、钼、钨、钽电热体。

（1）铁铬铝合金电热体。目前国产的有三种牌号：Cr25Al5、Cr17Al5、Cr13Al4，它们适用于1000~1300℃温度范围内。这些电热体抗氧化、易加工、电阻大、电阻温度系数小，价格低廉。

铁铬铝合金电热体表面在高温下能生成 Cr_2O_3 的致密的氧化膜，阻止空气对合金的进一步氧化，但不宜在还原气氛中使用，还应尽量避免与碳、酸性介质、水玻璃、石棉及有色金属等接触，以免破坏保护膜。这种电热体的主要缺点是高温强度低，经高温后由于晶粒长大而变脆。

（2）镍铬合金电热体。这类合金电热体适用于1000℃以下的温度，其型号为Cr20Ni80、Cr15Ni60。此种材料易加工、有较高的电阻率和抗氧化性，在高温下能生成 Cr_2O_3 或 $NiCr_4$ 氧化膜，但不宜在还原气氛中使用。Ni-Cr合金经高温使用后只要没有过烧仍然很柔软。

（3）铂丝和铂-铑丝。铂丝使用温度在1400℃以下，铂-铑丝可用到1600℃，能在氧化气氛中使用。

表 4-1　电热材料化学成分和主要性能

序号	材料代号	化学成分（质量分数）/%				电阻系数 (20℃)/Ω·mm^2·m^{-1}	电阻温度 /℃$^{-1}$	导热系数 /kJ·(m·h·℃)$^{-1}$	密度 /g·cm^{-3}	线膨胀系数 /℃$^{-1}$	比热容 /kJ·(kg·℃)$^{-1}$	熔点 /℃	允许使用温度 /℃	特性及使用条件
		Cr	Ni	Al	Fe									
1	Cr15Ni50	15~18	55~61	<0.2	余量	1.10	14×10^{-5}	45.19	8.15	13×10^{-6}	0.46	1390	1000	高温强度高，价格高
2	Cr20Ni50	20~23	75~78	<0.2	余量	1.11	8.5×10^{-5}	60.25	8.40	14×10^{-6}	0.44	1400	1100	
3	Cr25Al5	23~27		4.5~4.6	余量	1.45	$(3\sim4)\times15^{-5}$	60.25	7.10	15×10^{-6}	0.63	1500	1200	价低，高温强度低，常温加工时易开裂
4	Cr17Al5	16~19		4~6	余量	1.38	6×10^{-5}	60.25	7.20	15.5×10^{-6}	0.63	1500	1000	
5	Cr13Al4	13~15		3.5~5.5	余量	1.26	15×10^{-5}	60.25	7.40	16.5×10^{-6}	0.63	1450	850	
6	Cr27Al7Mo2	26.4~27.5		6~7	余量	1.5±0.1	-0.77×10^{-5}		7.10	14.6×10^{-5}			1400	电阻温度系数为负值
7	Cr13Al6Mo2	13.5~15		6~7	余量	1.4±0.1	5.7×10^{-5}		7.20				1300	
8	Ni	Ni				0.09~0.12	$(5\sim5.5)\times10^{-3}$	209.2	8.90	12.8×10^{-6}	0.46	1455	1000	
9	W	W				0.05	5.5×10^{-3}	368.2	10.3	4.3×10^{-6}	0.176	3390	2300~2500	在真空或保护气中使用
10	Mo	Mo				0.045	5.5×10^{-3}	246.9~506.3	10.2	5.1×10^{-6}	0.272	2520	1600~2000	
11	Ta	Ta				0.15	4.1×10^{-3}	297.1	16.5	6.5×10^{-6}	0.188	2996	2500	
12	Nb	Nb				0.132	3.95×10^{-3}		8.6	7.0×10^{-6}	0.272	2415	2230	
13	Pt	Pt				0.10	4×10^{-3}	251.0	21.46	9.0×10^{-6}	0.192	1770	1400	可用在氧化气氛中
14	SiC	SiC>94，其他为 SiO_2、Fe、C				1000~2000	<850℃为负，>850℃为正	(1000~1400℃) 83.7	3.18	5.0×10^{-6}	0.711		1450	化学性能稳定，但易老化，性脆
15	$MoSi_2$	$MoSi_2$				0.302~0.45			5.40			2000	1700	可用在氧化、腐蚀气氛中
16	石墨	C				8~13		(420~630)	2.20		1.84	3500	3000	在真空或保护气中使用
17	碳	C				40~60		84~209	1.60		0.07~1.00	3500	3000	

（4）钼丝和钨丝。钨和钼的熔点高，长期使用温度可达 1700℃，钨丝炉最高温度可达 3000℃。但钨和钼在高温氧化气氛中易被氧化，因而仅能在高纯氢、氨分解气或真空中使用。

非金属电热体通常被制作成棒状或管状，作为较高温度的加热元件，常用的有碳化硅电热体、石墨电热体和硅钼电热体。

（1）碳化硅电热体。SiC 电热元件在氧化气氛下能在 1400℃以下长期工作，棒状 SiC 常用于箱式电阻炉（也称为马弗炉），管状 SiC 用于管式电阻炉。

（2）硅钼电热体。$MoSi_2$ 电热元件一般做成 I 形或 U 形。这种电热体可在氧化气氛中 1700℃以下使用。

（3）石墨电热体。石墨通常被加工成管状，用于碳管炉（也称为汤曼炉）的电热元件，也可被制作成板状或其他形状。石墨电热体在真空或惰性气氛中使用温度可达 2200℃，碳管炉一般在 1800℃以下使用。石墨耐急冷急热，配用低压大电流电源能快速升温。但石墨在高温容易氧化，需在保护气氛（Ar、N_2）中使用。

4.1.1.2　感应炉

无芯感应炉是利用电磁感应在被加热的金属内部形成感应电流来加热和熔化金属（见图 4-2）。感应线圈是用铜管绕成的螺旋形线圈，铜管通水进行冷却。交变电流通过感应线圈时使坩埚中的金属料因电磁感应而产生电流，感应电流通过坩埚内的金属料时产生热量，可将金属熔化。

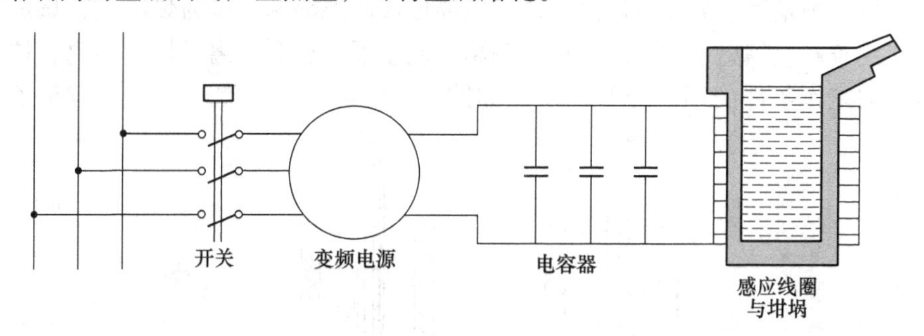

图 4-2　感应炉示意图

感应炉是一种非接触式加热装置，具有升温快、温度高、易控制等优点，并能在电磁力作用下对金属熔体产生搅拌效果，起到均匀温度、成分的作用。感应炉坩埚一般采用高熔点耐火材料，对于某些活泼性炉料易产生污染，因此部分感应熔炼炉采取水冷铜坩埚，或采用无坩埚悬浮熔炼，以熔炼高纯物料。如果进一步增加移动装置，通过悬浮或水平区域熔炼提纯获得超高纯产品，例如电子级半导体硅。

感应电流存在趋肤效应，加热效应主要集中于被加热物料表层，交流电频率越高，则穿透深度越低，物料受热深度也越低。根据电源频率的高低不同，常用感应炉分为：

（1）工频感应炉。以工业频率（50Hz）的电流作为电源的感应电炉，容量较大，一般为0.5~20t，一般用作中间扩大试验或半工业试验。

（2）中频感应炉。电源频率为150~10000Hz范围内的感应炉，容量范围为几千克到几吨。与工频感应炉相比，其优点有功率密度大、熔炼速度快、适应性强、操作灵活方便等。此外，中频感应炉炉壳经封闭处理后，可抽真空，在真空下进行熔炼。

（3）高频感应炉。电源频率为10~300kHz范围内的感应炉，容量较小，通常仅为100kg以下，主要用于实验室科研实验。高频感应炉由高频电子管振荡器产生高压高频交变电源，设备复杂、工作电压高、安全性差，逐渐被中频感应炉替代。

4.1.1.3 其他高温炉

A 电弧炉和等离子炉

在一定电压下，气体能电离起弧放电，利用电子的轰击将动能转化为热能加热炉料，常用于熔炼金属锭。电弧炉既可在真空中工作，也可在惰性气氛中工作；既可用自耗电极，也可用非自耗电极。实验室一般采用非自耗电弧炉熔炼小型金属锭，而工业上主要采用自耗电弧炉。电弧炉难以获得均匀的温度分布，也不易控制温度。

等离子炉是用电弧放电加热气体，电离形成高温等离子体为热源进行熔炼或加热。用于产生等离子体的装置称为等离子发生器，也叫等离子枪。等离子体发生器依据工作条件的不同分为两类，如图4-3所示。第一类发生器具有正负两

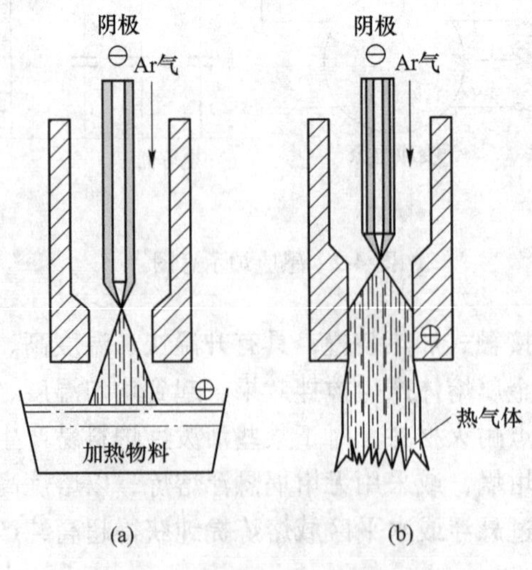

图4-3 等离子体发生器示意图
（a）转移弧；（b）非转移弧

极，极间产生电弧，这种方式称为非转移弧；第二类发生器只有一个负电极，正电极由被加热或熔化的金属炉料充当，这种方式称为转移弧。等离子体炉可以通过采用不同气体电离控制炉内气氛，惰性气氛下可以避免杂质的污染，特定反应性气氛下可同时实现可控反应下的加热或熔炼。

B　电子束炉

电子束炉是利用强电场下的高速电子束轰击金属阳极，将电子动能转化为热能，从而加热或熔炼金属。图 4-4 所示为电子束熔炼原理示意图。在高真空条件下，电子枪被加热发射电子，形成电子束，在电场作用下（加速电压为 10～30kV）高速轰击物料，使物料被加热熔化。由于电子束炉必须保持高真空环境，因此对金属具有强烈的真空脱气精炼作用。如果添加自动机械移动装置，电子束炉还可以用于悬浮区域熔炼，进一步提纯难熔金属，并可制备金属单晶。

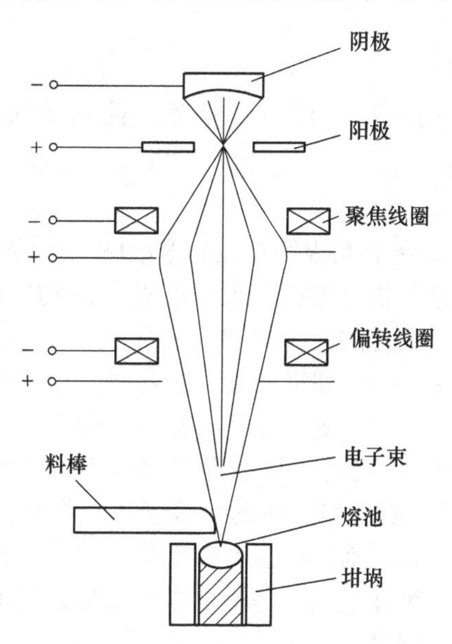

图 4-4　电子束熔炼原理示意图

C　微波加热炉

微波是指波长在 1～1000mm 范围内的电磁波，频率为 0.3～300GHz。可以用微波照射引起有机物或陶瓷等非金属无机物发热升温，使无机物在短时间内急剧升温至 1800℃左右。

微波的加热效果主要来自于交变电磁场对材料的极化作用，交变电磁场可以使材料内部的偶极子反复翻转，产生强烈的振动和摩擦，使材料升温。微波与材料的作用根据材料的种类不同而不同。金属为良电子导体，能反射微波，不被微波加热；绝缘体能被微波穿透，吸收微波能量极少；而介于金属和绝缘体的材料，能够不同程度吸收微波而被加热，特别是含水和脂肪的物质，升温效果明显。

与其他加热方式相比，微波加热具有三个显著优点。第一是加热具有选择性，只有吸收微波的材料才能受热；第二是材料整体受热，材料内部与表面温度均匀；第三是微波加热可强化材料内部原子、离子的扩散，能够加快物料反应，降低烧结温度。因此微波加热常用于实验室陶瓷材料的低温快速烧结，获得许多常规高温固相反应难以得到的反应产物。

4.1.2 温度测量与控制

冶金试验研究中，温度是最重要的基本物理量和关键试验条件之一，冶金中很多过程都与温度密切相关，如冶金过程的化学反应、物质与动量传输、物料的基本性质等都与温度分不开。因此，准确进行高温测量和控制，是试验研究的先决条件。

4.1.2.1 温度测量

高温试验首先要准确测量温度，才能有效控制和获取符合要求的温度及分布。

A 温度与温标

温度标志着系统内部分子无规则运动的剧烈程度，温度高则分子平均动能大；反之则小。为了准确判断温度的高低，一般借助物质的某种特性（如电阻、热辐射、体积等）随温度变化的特定规律来测量。

为了保证温度量度的统一性和准确性，需要建立用来衡量温度的标准尺度来规定温度的数值表示方法，这种衡量温度的标准简称温标。热力学第三定律可以表述为：在温度趋近于热力学温度 0K 的等温过程中，体系的熵值不变；或在热力学温度 0K 时，任何纯物质完美晶体的熵等于零。根据热力学第三定律，可以建立与工质无关的温标，其所确定的温度数值称为热力学温度，单位为 K。热力学温标具有深刻而本质的物理意义，是最根本的温标，其他温标都是根据热力学温标制定的，建立在其基础之上。

为实用方便，经国际协商，已建立一个具有一定技术水平又便于实际使用的国际温标。国际温标是以一些纯物质的相平衡点为基础建立的，如水的冰点和沸点，并以这些相平衡点温度通过插补公式来复现热力学温标。

B 温度测量方法及仪表

温度测量方法通常分为接触式（如热电偶）和非接触式（如光学高温计）两种。在接触式测温时，传感元件要靠近被测物体或直接置于温度场中，直接测量温度；非接触式测温传感元件不与被测物体直接接触，而是利用被测物体热辐射随温度的变化规律来间接测量温度。根据测温元件测温原理不同，各种常用温度计的种类和使用温度范围等特点见表 4-2。本节内容主要介绍常用测温计：热电偶和辐射测温计的工作原理、特性及应用。

表 4-2　常用温度计的种类和使用温度范围

<table>
<tr><th>原理</th><th>种类</th><th>使用温度范围/℃</th><th>量值传递的温度范围/℃</th><th>精度/℃</th><th>线性化</th><th>响应</th><th>记录与控制</th><th>价格</th></tr>
<tr><td rowspan="3">膨胀</td><td>水银温度计</td><td>-50 ~650</td><td>-50~550</td><td>0.1~2</td><td></td><td>一般</td><td>不适合</td><td></td></tr>
<tr><td>有机液体温度计</td><td>-200~200</td><td>-100~200</td><td>1~4</td><td>可</td><td></td><td></td><td>低廉</td></tr>
<tr><td>双金属温度计</td><td>-50~500</td><td>-50~500</td><td>0.5~5</td><td></td><td>慢</td><td>适合</td><td></td></tr>
<tr><td rowspan="2">压力</td><td>液体压力温度计</td><td>-30~600</td><td>-30~600</td><td>0.5~5</td><td>可</td><td rowspan="2">一般</td><td rowspan="2">合适</td><td rowspan="2">低廉</td></tr>
<tr><td>蒸汽压力温度计</td><td>-20~350</td><td>-20~350</td><td>0.5~5</td><td>非</td></tr>
<tr><td rowspan="2">电阻</td><td>铂电阻温度计</td><td>-260~1000</td><td>-260~630</td><td>0.01~5</td><td>良</td><td>一般</td><td rowspan="2">适合</td><td>昂贵</td></tr>
<tr><td>热敏电阻温度计</td><td>-50~350</td><td>-50~350</td><td>0.3~5</td><td>非</td><td>快</td><td>一般</td></tr>
<tr><td rowspan="7">热电势</td><td>钨铼热电偶</td><td>0~2300</td><td>0~2000</td><td>0.5~5</td><td rowspan="2">可</td><td rowspan="7">快</td><td rowspan="7">适合</td><td rowspan="2">昂贵</td></tr>
<tr><td>R 型，S 型热电偶</td><td>0~1600</td><td>0~1300</td><td>0.5~5</td></tr>
<tr><td>N 型，B 型热电偶</td><td>0~1700</td><td>0~1600</td><td>0.5~5</td><td rowspan="5">良</td><td rowspan="5">一般</td></tr>
<tr><td>K 型，N 型热电偶</td><td>-200~1200</td><td>-180~1000</td><td>2~10</td></tr>
<tr><td>E 型热电偶</td><td>-200~800</td><td>-180~700</td><td>3~5</td></tr>
<tr><td>J 型热电偶</td><td>-200~800</td><td>-180~600</td><td>3~10</td></tr>
<tr><td>T 型热电偶</td><td>-200~350</td><td>-180~300</td><td>2~5</td></tr>
<tr><td rowspan="4">热辐射</td><td>光学高温计</td><td>700~3000</td><td>900~2000</td><td>3~10</td><td rowspan="4">非</td><td>一般</td><td>不适合</td><td>一般</td></tr>
<tr><td>红外温度计</td><td>200~3000</td><td>—</td><td>1~10</td><td>快</td><td rowspan="3">适合</td><td rowspan="3">昂贵</td></tr>
<tr><td>辐射温度计</td><td>100~3000</td><td>—</td><td>5~20</td><td>一般</td></tr>
<tr><td>比色温度计</td><td>180~3500</td><td></td><td>5~20</td><td>快</td></tr>
</table>

a　热电偶

工作原理

热电偶的测温原理是基于 1821 年塞贝克发现的热电现象。由两种不同的导体 A 和 B 连接而成一个闭合回路，其连接点分别为 1 和 2，两接点温度不同时，回路中就产生电动势，即“塞贝克温差电动势”，简称“热电势”。接点 1 工作时置于被测温度场中，称为工作端（热端）；而接点 2 恒定在固定温度，称为自由端（冷端）。当 A、B 导体材料确定后，热电偶的热电势仅与温度有关，当自由端温度恒定时，热电势就仅仅是工作端温度的单值函数，因此可以用电位计测量热电势而测量温度，如图 4-5 所示。

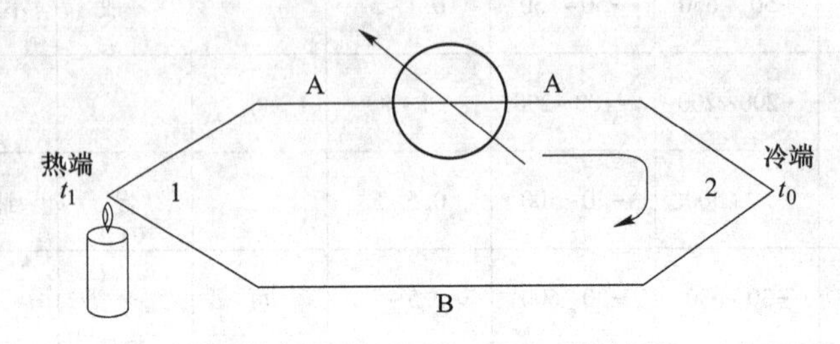

图 4-5　热电偶工作原理示意图

热电偶材料

热电偶材料的选用应满足以下要求：

（1）热电势足够大，且与温度线性关系好。

（2）热电性能稳定，重现性好。

（3）耐腐蚀，化学性能稳定。

（4）具有一定的机械强度，加工性能好。

常用热电偶又分为标准化热电偶和非标准化热电偶。标准化热电偶是指性能优良、能批量稳定生产并已列入国家标准的热电偶。该类热电偶性能稳定、应用广泛，具有统一的分度表，互换性好，有相应配套显示仪表可供使用。常用标准化热电偶的特性见表 4-3。

表 4-3　国内常用的标准化热电偶的特性

热电偶名称	分度号	热电极材料			使用温度/℃		使用条件
		极性	识别	化学成分（质量分数）/%	长期	短期	
铂铑10-铂	LB-3	+	较硬	Pt 90，Rh 10	1300	1600	氧化性、中性气氛
		−	柔软	Pt 100			
铂铑30-铂铑 6	LL-2	+	较硬	Pt 70，Rh 30	1600	1800	氧化性、中性气氛
		−	稍软	Pt 94，Rh 6			
镍铬-镍硅	EU-2	+	不亲磁	Cr 9~10，Si 0.4，Ni 90	1000	1200	氧化性、中性气氛
		−	稍亲磁	Si 2.5~3，Co≤0.6，Ni 97			

续表 4-3

热电偶名称	分度号	热电极材料			使用温度/℃		使用条件
		极性	识别	化学成分（质量分数）/%	长期	短期	
镍铬-考铜	EA-2	+	色较暗	Cr 9~10，Si 0.4，Ni 90	600	800	
		−	银白色	Cu 56~57，Ni 43~44			
铜-考铜	CK	+	红色	Cu 100	200	300	
		−	银白色	Cu 55，Ni 45			

非标准化热电偶通常没有国家标准，也没有统一的分度表，应用范围较窄，在标准化热电偶难以胜任的特殊场合应用。此类热电偶最常见的是铂铑和钨铼系（见表4-4）。

表 4-4　非标准化热电偶的特性

热电偶种类	极性	热电极成分（质量分数）/%	使用温度/℃		备　注
			常用	最高	
铂铑（20/40）	+	Pt 80，Rh 20	1700	1900	在氧化性、中性气氛中使用，热电势小
	−	Pt 60，Rh 40			
铂铑（5/20）	+	Pt 95，Rh 5	1600	1800	在氧化性、中性气氛中使用，热电势小
	−	Pt 80，Rh 20			
钨铼（5/26）	+	W 95，Re 5	2300	2700	在真空、惰性和弱还原气氛中使用
	−	W 74，Re 26			
钨铼（5/20）	+	W 95，Re 5	2000	2400	在真空、惰性和弱还原气氛中使用
	−	W 80，Re 20			

热电偶的校正

新的热电偶，特别是热电特性和生产批次相关的非标准化热电偶，使用前必须校正。热电偶使用一段时间后，尤其是在腐蚀性气氛或高温熔体环境下使用，热电特性会发生变化，使得热电偶测量结果失真。因此，热电偶不仅使用前要进行校正，使用一段时间后也要定期校正，以确保测量结果准确性。

热电偶的校正方法常用比较法和纯金属定点法。

（1）比较法。比较法是用标准热电偶与被校正热电偶进行比较校正。在有标准热电偶的情况下，比较法尤为方便。比较法具体操作是将被校正热电偶与标准热电偶测量端捆绑在一起，置于温度均匀的恒温区内，自由端（冷端）保持恒温，比较分度表各分度点被校正热电偶与标准热电偶热电势偏差，每一分度点温度测量多次并取平均值。铂铑10-铂热电偶在0～30℃范围的分度表见表4-5。上述校正过程既可以在实验室进行，也可以在现场使用条件下进行。

表4-5　铂铑10-铂热电偶分度表（分度号：LB-3，自由端温度为0℃）

工作端温度/℃	0	1	2	3	4	5	6	7	8	9
	热电势/mV（绝对伏）									
0	0.000	0.005	0.011	0.016	0.022	0.028	0.033	0.039	0.044	0.050
10	0.056	0.061	0.067	0.073	0.078	0.084	0.090	0.096	0.102	0.107
20	0.113	0.119	0.125	0.131	0.137	0.143	0.149	0.155	0.161	0.167
30	0.173	0.179	0.185	0.191	0.198	0.204	0.210	0.216	0.222	0.229

（2）纯金属定点法。纯金属定点法是利用纯金属相变平衡点温度不变的特性，将被校正的热电偶插入熔融的金属熔体中，在其相平衡点对热电偶进行校正。常用校正恒温相变点为：Cu（1083℃）、Ni（1453℃）、Co（1492℃）、Pt（1769℃）、Rh（1960℃）、Ir（2443℃）等，这些相平衡点温度值由国际温标给出，实际校正中根据被校正热电偶测量温度范围选择合适的相平衡点。校正时，要保证定点金属的纯度，既要考虑到原料的纯度，同时也要考虑的校正过程中不被污染。

热电偶的使用

正确使用热电偶是保证温度测量精度、延长其使用寿命的关键。首先要根据试验温度条件和气氛环境选择合适的热电偶。

（1）冷端温度修正。标准热电偶分度表对应的是自由端为0℃时的热电势，实际测温条件下自由端不一定处于0℃，由此带来的误差必须加以修正消除。常用的修正方法包括自由端温度修正法、自由端温度恒定法和补偿导线法。

1）自由端温度修正法。当自由端温度不为0℃，但恒定不变或变化很小时，可以采用计算法进行修正。热电偶实际的热电势应为测量值与修正值之和，实际测量的温度数值应考虑自由端温度引入的热电势误差，热电势和温度的对应关系可查标准热电偶分度表。

2）自由端温度恒定法。实际测温时，若自由端温度受环境温度影响波动较大，应将自由端置于热惰性的恒温器中，保持自由端温度恒定，然后再根据自由端温度修正。常用的恒温器为冰点器，即盛满冰水混合物的保温瓶，可保持自由端温度为0℃，此时无需修正，可保持与标准热电偶分度表一致。

3）补偿导线法。如测温仪表不易安装在被测对象附近，则可以采用与热电偶热点性能相近的补偿导线，将自由端引出至温度恒定的区域，以消除环境温度波动的影响，测量的结果仍需进行自由端温度修正。

（2）测温误差。热电偶测温时不可避免会引入测量误差，主要包括由于热电偶与被测对象之间热交换不充分引起的热交换误差，由于热电偶材质引起的热电特性差异造成的误差，由于测量仪表或线路电阻引起的热电势测量误差等。

b 辐射温度计

所有温度高于热力学0K的物体都会辐射电磁波，而电磁波的辐射能力随温度而变化，通过测量物体的辐射亮度可间接测量温度。

在任何温度下，全部吸收所有电磁波的物体称为绝对黑体，简称黑体。根据斯特藩-玻耳兹曼（Stefan-Boltzmann）定律，黑体的辐射亮度 L 与温度 T 满足下式：

$$L_0 = \frac{\sigma}{\pi} T^4$$

式中 σ——斯特藩-玻耳兹曼常数。

而对于实际物体，辐射亮度需要考虑其全发射率 $\varepsilon(T)$，故实际物体辐射亮度为：

$$L = \varepsilon(T) \frac{\sigma}{\pi} T^4$$

据此，可以通过测定物体辐射亮度来确定其温度，基于光谱辐射的温度计包括光电高温计和红外温度计。

（1）光电高温计。物体的光辐射亮度与温度和波长有关，而当波长一定时，物体的单色辐射强度就仅仅是温度的函数，光电高温计即基于该原理测温。测温时，通过比较被测物体亮度和光学高温计光源的亮度，当两者亮度一致时，光源的亮度就反映了被测物体的亮度。传统的光学高温计通过人眼来判断光源亮度和被测物体亮度是否相同，误差较大，灵敏度较低。而随着光电探测器的发展，光电高温计采用Si或InGaAs等光敏元件自动平衡光源和被测物体亮度，将辐射亮度信号成比例转换为电信号，该电信号与被测物体温度满足单值函数关系，经放大后通过程序计算即可获得温度测量值。

（2）红外温度计。红外温度计由光学系统、红外传感器和微处理器组成，它与光学高温计或光电高温计的不同之处在于不需要光源，直接通过红外辐射亮度来测量温度。红外传感器是红外温度计的核心，常见的HgCdTe探测器、PbSnTe探测器、热敏电阻探测器等可以将热辐射亮度转换为电信号，然后由微处理器把电信号放大并转换为温度数值或热成像图。红外测温技术具有非接触、实时快速、可成像等独特优点，在冶金领域应用广泛。

4.1.2.2 温度控制

根据冶金过程试验条件的需要，要求温度按照一定空间规律分布（如恒温区）或按照时间程序分步控制（如分段变温），这可通过电阻炉设计和控温电路来实现精确控温。

A 恒温区的获得

电阻炉的温度分布与电热元件、保温材料的设计密切相关，在热平衡条件下，存在如图4-6所示的几种情况。如果在没有保温材料保护的条件下在炉管上均匀围绕电热丝（见图4-6（a）），通电加热时，轴向温度分布均匀，但由于热损失很大，炉温很低；如果在电热丝外覆盖保温材料（见图4-6（b）），减少与外界环境的热交换，加热室的热损失小，炉温升高，在炉膛中间位置出现温度最高点，但炉温均匀性变差，特别是在炉管两端处温度变化剧烈。为了获得较长的恒温区，一般采取电热丝炉口两端密绕的方法，或采取电热丝分段供电通过功率调节获得均匀温度场（见图4-6（c））。恒温区越长、越大，则控温难度越大。要获得更长、更大的均匀温度场，通常需在炉膛内布置多层辐射挡板，以减少热对流。对某些恒温精度要求极高的场合，往往在炉膛周围安装冷却水系统，或者采用油浴或盐浴，同时通过自动控温，实现温度精确控制。当然，并非所有冶金试验过程都要求在均匀温度场中进行，有时也要求存在温度梯度或者多温区，同理，可根据上述热交换和平衡的原理通过合理设计电热元件、保温材料和冷却系统来获得。

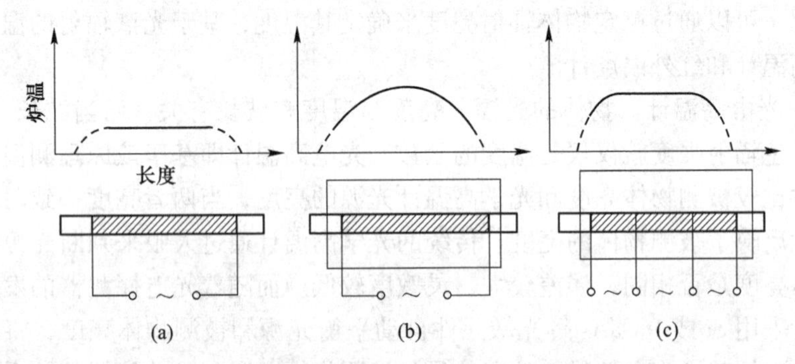

图4-6 电阻炉设计与温度分布图

B 温度的自动程序控制

冶金过程试验研究往往需要根据不同的反应阶段随时间改变温度，这要求电阻炉能够预设变温程序，并能够自动精确控温。

在要求较高的控温精度时，目前多采用PID调节器和可控硅电压调整器对电炉供电，以实现电压连续可调，控制精度一般可达到0.5%。PID调节器是根据温度的设定值与测量值之间的偏差，按照比例P、积分I、微分D规律进行反馈控制和调节。PID控制的基本式为：

$$u = K\left(e + \frac{1}{\tau_I}\int_0^t e\mathrm{d}t + \tau_D \frac{\mathrm{d}e}{\mathrm{d}t}\right) + u_0$$

式中 K——比例系数；

τ_I——积分时间常数；

τ_D——微分时间常数；

u_0——基准控制量；

e——温度设定值与测量值的偏差。

式中括号内第一项代表比例调节项，第二项代表积分调节项，第三项代表微分调节项。

电阻炉的温度测量元件一般采用热电偶，因此又叫控温热电偶。目前PID控制器常与微处理器结合可以快速计算和改变控制量 u，自动选择最佳的 K、τ_I、τ_D 参数（PID在线自整定），使复杂的程序精确控温成为可能。

4.1.3　耐火材料与保温材料

为了获得稳定的高温，必须具备两个条件：一是要有电热体即热源；二是要有能够承受较高温度的耐温材料，如用作炉膛、炉衬等直接面向高温的耐火材料和填充在炉壳与耐火材料之间用作隔热保温的保温材料。

理想的耐火材料应当具有足够高的耐火度、高温强度高、密度大、气孔率低、抗热震性好、化学稳定性好。而保温材料要求具有一定的耐火度、导热系数小、孔隙率大。实际应用中，应根据试验的需要选择满足要求的合适耐温材料，应既能承受足够高的温度，又能避免其对冶金反应过程的干扰和污染，同时成本要低。选用合适的耐温材料，必须了解耐火材料的工作性能、使用范围以及常用耐火材料和保温材料。

4.1.3.1　耐火材料的主要工作性能

耐火材料的工作性能主要是指耐火度、荷重软化温度、抗热震性、气孔率、化学稳定性等。而保温材料的工作性能与耐火材料基本类似，只是应用环境和性能要求不同，因此本节主要围绕耐火材料的工作性能展开论述。

（1）耐火度。耐火度是指耐火材料在无荷重时抵抗高温作用而不熔化的性能。耐火度与熔点不同，耐火材料一般是由多种矿物组成的多相固体混合物，没有固定的熔点，而熔化是在一定温度范围区间内进行，在一定温度下发生软化。耐火度是耐火材料软化到一定程度的温度，是选用耐火材料的关键指标。决定耐火度的基本因素是耐火材料的化学组成、杂质含量和分布情况，其中具有强溶剂作用的杂质成分会严重降低耐火度，因此必保证耐火材料的纯度。值得注意的是，耐火度并不代表耐火材料的实际温度，实际使用中，还需考虑高温机械强度，耐火材料的实际使用温度要比耐火度低。

（2）荷重软化温度。耐火材料在常温下的耐压强度高，但在高温下发生软化变形，耐压强度显著降低。荷重软化温度是指耐火材料受压发生变形和坍塌时的温度，一般用来评定耐火材料的高温结构强度。耐火材料的荷重软化温度主要取决于耐火制品的化学矿物组成，一定程度上也与其宏观结构如密实性有关。荷重软化温度表征耐火材料的高温机械特性，而耐火度则表示其热特性，一般荷重软化温度都要低于耐火度。

（3）抗热震性。耐火材料抵抗温度急剧变化而不破裂或剥落的能力称为抗热震性。耐火材料在使用过程中往往会受到环境温度急剧变化作用，会造成耐火制品的开裂、剥落甚至崩溃，这不仅限制了加热炉的升温和冷却速度，更是限制其使用寿命的主要因素。欲提高材料的抗热震性，必须降低其热膨胀性、弹性模量和泊松比，同时提高材料强度，增大热导率和导热系数。

（4）气孔率。气孔率是耐火材料重要的结构特性，是指耐火制品所含气孔体积与制品总体积的百分比。气孔率是耐火材料的基本技术指标，对耐火制品的性能影响很大，尤其是强度、热导率、抗热震性等。耐火材料中气孔的存在，会导致其力学及热学性能变差。气孔率高的耐火制品，表面能大，化学稳定性差，抗渣铁侵蚀性能变差，不适宜用作冶金熔渣和熔体的容器。气孔率高的耐火制品，导热性差，可用作保温材料。

（5）化学稳定性。耐火材料在使用过程中，要与周围环境发生相互作用，例如炉内气氛、熔体、炉渣等，耐火材料在高温条件下能否稳定存在且不对冶金过程产生影响至关重要。实际应用过程中，应根据耐火制品工作条件，选择在高温工作介质中稳定的耐火材料。例如要考虑耐火材料稳定工作的气氛条件，要考虑到耐火材料是否与物料发生化学反应，还应考虑高温熔盐、熔渣对耐火材料的侵蚀作用。

4.1.3.2　常用耐火材料和保温材料

大部分以天然矿物为原料的复合氧化物耐火材料（如硅砖、黏土砖等）使用温度都在1600℃以下，一般用作加热炉炉衬材料。但在实验室中，要求更高的耐火度、热性能、力学性能等综合性能，对成本不敏感，往往选择纯物质作为高温耐火材料、坩埚、炉管等，如纯氧化物石英、刚玉等，以及碳质和高熔点金属耐火材料。

（1）石英。一般指石英玻璃，气密性好、易加工、抗热震性好。常压下使用温度为1200℃左右，短时间内使用温度可达1500℃。由于石英热膨胀系数小、高温下抗热震性好、气密性好，而且透明，故常用于真空系统，但同时又难以承受压力，不适合用作高压容器。石英耐火制品一般在实验室广泛用作坩埚、真空炉管等。

（2）刚玉。刚玉耐火制品主要成分为氧化铝，最高使用温度可达1900℃，化学稳定性、导热性较好，气孔率低，在实验室广泛用于高温炉衬、炉管、坩埚、热电偶保护套、高温支架等。致密的刚玉制品具有良好抗渣铁侵蚀性能。

（3）氧化镁。氧化镁熔点为2800℃，其耐火制品耐火度高，最高使用温度为1900℃，在氧化性气氛中使用温度比刚玉高，还原性气氛下只能在1700℃下使用。但其蒸气压大，真空条件下使用温度不宜超过1600℃。氧化镁耐火制品广泛用作实验坩埚和炉管，但其抗震性较差，易开裂。

（4）氧化锆。氧化锆熔点为2700℃，为弱酸性氧化物，其耐火制品荷重软化温度高于2000℃，经高温煅烧后具有较高强度和热稳定性。在氧化性或弱还原性气氛下工作稳定，高温时使用性能强于刚玉，最高使用温度超过2200℃，广泛用作坩埚材料。纯氧化锆在1100℃附近存在晶型转变，有较大体积变化，故抗热震性能较差。通过添加少量CaO或MgO，可使其在常用温度范围内呈稳定的立方结构，提高热稳定性。

（5）碳质。碳质耐火材料主要成分为石墨，热膨胀系数小、导热性能好、密度小、易加工、强度大、抗渣性好，是一种优良的耐火材料。石墨在惰性或还原性气氛中稳定，在真空条件下使用温度可达2000℃以上，但在氧化性气氛中易被氧化。碳质耐火材料广泛用作电极、发热体、炉管和坩埚容器等。

（6）高熔点金属。实际应用中有钨、钼、钽、铌以及铂、铱等，前4种难熔金属易氧化，后2种稀贵金属抗氧化，可在氧化性气氛中使用。钨熔点高达3337℃，高温下蒸气压低，可在真空、惰性及还原性气氛下稳定工作。铂熔点1772℃，常用温度1400℃，短时使用温度可达1600℃，其优点是可在氧化性气氛下工作，化学性质惰性，但价格昂贵。

（7）保温材料。保温材料根据使用温度可分为高温（1200℃以上）、中温（900~1000℃）和低温（900℃以下）三类。高温保温材料常用的有轻质黏土砖、轻质硅砖、轻质高铝砖等。中温保温材料常用的有超轻质珍珠岩和蛭石两种。低温保温材料有石棉、硅藻土、矿渣棉和水渣等。其中石棉是使用最为普遍的隔热保温材料，它是纤维状的蛇纹石或角闪石类矿物，蛇纹石使用最多，其化学成分为含水硅酸镁，其密度小、导热系数低，长时间使用温度为550~600℃，短时间使用温度达700℃。

4.2 高　压

与温度类似，压力也是影响冶金过程的关键因素之一，压力对物质性质和化学反应进程都具有极其重要的影响。实验室中通过加压或高压条件可以合成新物质、强化反应过程、提高产物质量和纯度等。例如水热和溶剂热就是利用高温高压下超临界介质提供反应环境，提高反应活性，改善反应动力学条件，可以合成常温常压或固相反应难以获得的新物相，提高物质纯度和结晶度，越来越受到重视和关注。对于某些难选矿、难处理矿进行加压浸出是强化浸出过程、提高浸出率的重要手段。对于存在气相的多相反应过程，压力对反应过程的影响较大，利用高压条件可以提高反应产率，合成常压条件下无法获得的中间相、亚稳相。

4.2.1 高压获取

实验室中主要借助于压缩机、机械泵、喷射泵等设备利用机械运动或流体运动压缩气体产生压力。泵、压缩机组应根据用气设备的要求及压缩气体的特性来选用，主要考虑以下要求：

（1）压缩气体性能良好，机组效率高；

（2）泵、压缩机的能力应与试验设备的气体消耗量相适应；

（3）耐液体或气体腐蚀能力强、耐磨损、寿命长；

（4）运行可靠、维护方便、易于操作；

（5）成本低。

压缩机种类很多，国产压缩机主要由活塞式、螺杆式、离心式和膜式。按结构形式不同又分为往复式、回转式和离心式三种，其分类和特性见表 4-6。

表 4-6　压缩机的分类及其特性

分类	容积型压缩机				速度型压缩机
	往复式		回转式		离心式
	活塞式	膜式	滑片式	螺杆式	
优点	（1）背压稳定，压力范围广泛； （2）热效率高； （3）在一般压力范围内，对材料的要求低，多用普通钢铁材料		（1）结构简单，重量轻； （2）使用、运转、维护方便； （3）检修少，寿命长		（1）尺寸小、轻； （2）供气均匀振动小； （3）易损部件少，运行效率高； （4）机体内不需润滑； （5）转速高
缺点	（1）转速不高结构复杂易损坏； （2）转动时有振动； （3）输气不连续气体压力脉动		（1）密封较困难； （2）效率较低		（1）冷却水消耗大； （2）运转欠稳定
适用范围	适用于高压、中小流量		低压中小流量		气压 120 ~ 1500m^2/min 压力 25kPa 下

压缩机组由压缩机和气体过滤器、储气罐、检测仪表、管道等主要辅助设备组成。气体过滤器的作用是用来清除气体中所含的粉尘杂质。储气罐主要为减弱活塞式压缩机排除的周期性脉动气流之用，同时稳定管道中压缩气体的压力，还可以分离压缩气体中的油、水等杂质。

除采用气体压缩的方式产生压力外，还可以采用压缩气体钢瓶产生压力。封闭在钢瓶内的压缩气体，除能减少储存容器的体积外，还可以利用其内部压力作为供压源。实验室使用压缩钢瓶提供压力可以根据试验需要采用不同的气体种类，常用气源为惰性气体 Ar、N_2，还原性气体 H_2、NH_3，氧化性气体 O_2、CO_2

等。压缩气体钢瓶常用容积为 40L，能承受 15MPa 的压力，可容纳 6m^3 标准状态体积的气体。将多瓶压缩气体钢瓶组成气瓶组，再通过压缩泵进行增压，可以实现不同气氛的高压条件。

4.2.2 压力测量与控制

4.2.2.1 压力单位及其换算

压力是指单位面积上施加的垂直于作用面的力。压力的表达存在不同方式，如相对于环境压力或大气压力测量的压力称为相对压力或表压；如相对于真空测量的压力称为绝对压力。由于所处地区、习惯的不同以及历史原因，压力存在不同的单位，掌握常用压力单位及换算十分必要。常用的压力单位有 Pa、atm、mmHg、bar 等，还有一些不常用的 psi、kg/cm^2 等，其中国际单位是 Pa，它们之间的换算见表 4-7。

表 4-7　常用压力单位换算表

Pa	Pa	bar	kg/cm^2	atm
1Pa	1	10^{-5}	1.02×10^{-5}	0.9869×10^{-5}
1bar	10^5	1	1.02	0.9869
1kg/cm^2	0.980×10^5	0.980	1	0.968
1atm	1.013×10^5	1.013	1.033	1
1g/cm^2	98	0.098×10^2	10^{-3}	0.968×10^{-3}
1mmHg	133.3	0.1333×10^{-2}	1.36×10^{-3}	1.315×10^{-3}
1mbar	100	0.1×10^{-2}	1.02×10^{-3}	0.9869×10^{-3}
1inHg	3386	3.386×10^{-2}	0.03453	0.03345
1psi	6890	6.89×10^{-2}	0.0703	0.008

4.2.2.2 压力标准装置

将压力转化为可测量的特性，从而精确测量压力的装置称为压力标准装置，常用的压力标准装置有活塞式压力计、液体压力计、气压计、麦克劳德压力计等。

（1）活塞式压力计。活塞式压力计由一组已知截面积的活塞和油缸组成，活塞由精密加工制成，插到精密配合的油缸中。首先将一些已知重量的砝码加到自由活塞的一端上，使流体的压力施加到活塞的另一端，直至产生的力足以举起活塞和砝码为止。当活塞在油缸中自由漂浮时，活塞式压力计与系统的未知压力相平衡，利用扣除浮力的等效压力和活塞截面积即可计算得到系统压力。这种压力计的量程为 $10^2\sim10^8$Pa（0.001～1000bar），误差在 0.01%～0.05%以内。

（2）液体压力计。液体压力计利用 U 形玻璃管两侧液面高度差来测量压力，忽略表面张力影响，平衡条件下两侧压差与液面高度差成正比：

$$\Delta p = \rho_{液} g \Delta h$$

式中 $\rho_{液}$——工作液体密度；

g——重力加速度。

工作液体常用水银和水。由于液体压力计是根据水力学基本原理建立的，同时结构简单，因此在 $10^3 \sim 10^6$Pa(0.01~10bar）范围内，通常采用U形管液体压力计作为压力标准装置，其校准误差为读数的0.02%~0.2%。

4.2.2.3 压力传感器

现在常用的压力传感器为电气压力传感器，其主要部件是弹性元件和电气元件，它把来自压力系统的能量转换成机械测量系统的位移，然后通过电气元件把机械系统的位移转换为电信号，电信号通过放大、传送、显示从而测量压力，并可以同时实现压力控制。

电气压力传感器根据有无电源的输入分为有源传感器和无源传感器。有源传感器是一种本身可以产生随机械位移变化的电信号输出的传感器；无源传感器则要求一个辅助电量输入，传感器将输入电量调制为机械位移的函数，以便作为它的输出电信号。有源电气压力传感器由弹性元件和电气元件组成，如压电式传感器。无源电气压力传感器使用的电气元件有应变计、滑线电位计、电容传感器、线性差接变压器等。下面介绍比较常用的电气式压力传感器。

A 有源电气式压力传感器

在一般应用中，压电元件是有源电气压力传感器的基础。它是根据压电效应原理来实现工作的，即对某些特定的晶体（不具中心对称的晶体），在适当的方向施加力时，晶体的表面出现电位差。一些常见的呈现压电特性的晶体有石英、酒石酸钾钠、钛酸钡等。围绕这些有源元件设计成的压力传感器，其晶体形状是具有一定方向的，以便在所需的方向上产生最大的压电响应，而其余方向则响应很小或几乎没有。

B 无源电气式压力传感器

无源压力传感器中最常用的是可变电阻式压力传感器。

(1) 应变计式。这类电气元件的工作原理是应变计电阻丝的电阻随着它受载荷时的长度变化而变化。所有的无源传感器都需要输入电能，一般是桥路的激励电压。在非粘贴式应变计中，在压力作用下，膜片使支架移动，应变电阻丝发生伸长或缩短，引起桥路的不平衡，这种不平衡量与外加压力成正比，通过校准可以确定其与外加压力的关系。在粘贴式应变片中，应变片采用固定在布、纸或塑料上的细电阻丝的形式，再用适当的胶合剂固定在承受弹性元件载荷的柔性板上。

(2) 电位计式。另一种可变电阻式压力传感器是利用可移动触点原理改变电阻，如建立在滑线变阻器即电位计基础上的传感器。一种常见设计是弹性元件为螺旋形布尔登管，并用绕线式精密电位计作为电气元件。

(3) 电容式。在可变电容式压力传感器中，弹性元件通常是一种金属膜片，它又作为电容器的一个极板。当施加压力时，该膜片就相对于固定极板移动，从而引起两极板之间的介质厚度的变化。利用适当的电桥电路，可以测出电容的变化，并通过校准而得出与压力的关系。

4.2.3 压力设备与容器

高压设备及容器包括反应器、管道、阀门等，是进行高压实验的重要载体。冶金试验过程的可行性、准确性、高效性和安全性都取决于使用的压力设备和容器。在高压设备及容器材料的选择上，要求机械强度大、耐高温、耐腐蚀、易加工。在高压容器的设计上，要求结构简单、密封严密、安全可靠、便于维护。

4.2.3.1 反应器

A 反应釜

在密封容器内能承受高温高压的设备都称为反应釜。高压釜中参与化学反应的物料一般处于液态，往往在反应过程中需要进行搅拌，确保体系均匀性和反应动力学条件。

一般实验室用高压釜都配备加热装置、搅拌装置、温度计、压力计、高压阀和安全阀等，其最高使用压力约300MPa，温度350℃，材料一般为不锈钢。对于特殊用途的高压釜，内部还可以加衬 Ti、Ni 等金属或玻璃、尼龙等。高压釜根据物料混合形式的不同又有静置式、振荡混合式、搅拌混合式、转动混合式、气体搅拌混合式等。静置和振荡式目前使用较少，使用较多者为搅拌式，要么采用搅拌桨搅拌，要么采用磁力搅拌。玻璃反应釜为石英玻璃材质，多用于 0.5～1MPa 压力试验，由于玻璃釜便于观察内部反应状态有利于试验操作，重量轻且体积小，因此在实验室内应用较多。

B 气压烧结炉

气压烧结炉为气固反应提供高温高压条件，用于烧结在高温下易于分解或通过标准烧结工艺不能烧结的陶瓷或金属。此类电炉一般由炉壳、加热与保温系统、炉盖及升降装置、真空系统、充放气系统、测温系统、水冷系统、电控系统、操作平台等组成。

加热体常用高纯石墨筒，电阻分布均匀，具有良好的温度均匀性，且使用寿命较长，水冷铜电极与石墨电极连接后再与加热体连接，可避免水冷铜电极带走炉内大量的热量。电极处绝缘材料采用氮化硼制品及聚四氟乙烯制品，电极与变压器连接采用水冷电缆方式。炉衬保温材料采用高纯石墨筒及碳毡材料制成，顶部保温层采用高纯石墨板与碳毡制成，炉底上设有高纯石墨承料台、装料石墨坩埚及石墨板与碳毡制成的保温层，提高了炉底的承压能力。

高真空系统常一般由机械泵、罗茨泵、扩散泵、冷阱以及相应挡板阀和管道组成。真空管路安装安全阀、压力开关等保护装置，确保高真空与气压烧结两用。炉体为双层水冷结构，内外壁间为水冷层。采用高温热电偶测量和控制炉温，采用K型热电偶检测保温层外壁、炉体内壁、电极水温，压力控制采用压力变送器，配合控温模块及电磁阀实现炉压自动控制，自动采集温度曲线、真空度曲线、压力曲线和烧结时间等曲线，对各个工艺参数（温度、真空度、气压）实现动态显示。配备 PLC 控制器具有 PID 及超温报警功能，能储存和输出记录，清晰反应炉子工作状况，具有超温、断偶、过流、过压、过载和冷却水缺水报警及保护功能，能确保系统的安全可靠运行。

4.2.3.2 管道与阀门

A 高压阀门

阀门是最常用的一种流量截断和调节装置，根据功能的不同分为截止阀、调节阀、止逆阀和安全阀等，还有用于流量、压力控制的高压稳压阀、稳流阀、减压阀等。下面介绍几种常用的阀门。

（1）高压截止阀。主要用做高压管路的气体或液体通路开启或关闭。阀门的设计应考虑材料的耐压和阀杆旋转部分的密封与阀座闭合的可靠程度。阀杆端部与阀座紧密接触，阀杆旋转扭动与阀座产生摩擦，故要求阀杆和阀座采用不同硬度材料制造，通常阀杆的材料硬度更高。转动杆与阀座之间采用填料密封，要求转动杆密封处必须加工光洁，密封材料多使用聚四氟乙烯、合成橡胶、石棉或石墨材料。

（2）高压调节阀。高压调节阀用于高压力下流量调节，其结构与截止阀完全相同，差别只在阀杆与阀座配合部位上，杆的尖端有如柱塞一样的小圆柱体，阀座内孔与杆的小圆柱形成一个微小的孔隙，当阀杆上下移动时，柱与孔形成的孔隙面积发生改变，从而按比例调节流量。阀杆的螺纹间距设计得越细小，则调节精度就越高。如果在高温下使用，应在填料位置上通冷却介质或加散热片，以保证填料不被破坏而维持密封性。

（3）高压止逆阀。高压逆止阀的目的是防止流体逆流，在各种压缩机、泵类连接设备中是不可缺少的附件之一。其工作原理是：在流体流动方向上有一个弹簧压紧阀针，流体借助推动力使弹簧压缩阀针离开阀座，且维持正向流动状态，一旦逆向压力增大，弹簧压紧阀锥体可使它与阀座密封，流体不能逆向倒流，起到止逆作用。

（4）高压安全阀。为了防止高压装置内部压力超过设备耐压限度，避免实验过程中突然失控而压力升高，造成设备泄漏或破坏，在高压设备上必须安装安全阀。该阀门在结构上有两种不同类型：一种类似于止逆阀，利用力量较强的弹簧压在阀杆上，调节弹簧的压紧程度可给定泄压的数值，当内压超过给定的压紧值后，就推动阀杆，排出容器内压力，直到低于弹簧压紧值，自动关闭阀门，类似于高压锅泄压阀，只是泄压临界值并非由弹簧压力确定，而是由泄压阀自身重力决定；另一种是爆破膜安全阀，使用一定厚度的铜、铝、不锈钢或树脂薄片或板材，封闭在设备开孔处，当内压超过规定值时，膜片破裂，设备内压力通过开孔处排放泄压，确保安全。当使用有毒或可燃易爆性介质时，应把排放物引至室外安全处或经过安全处理。

B　高压设备及管路的密封

a　高压设备的密封

一般高压设备操作中出现的问题或者事故，绝大部分是因为密封形式选择不当，或者结构设计不合理，或者设备加工精度不够造成的。因此高压设备的密封至关重要，密封部分主要包括高压容器的端部、阀门的连接部分、测温和测压部分、搅动轴的运动部分和液体泵柱塞运动部分等。通常根据相应部位是否存在相对运动分为静态密封（容器的盖、管、阀处的固定结合）和动态密封（旋转部分）。实验设备中静态密封主要使用压缩密封和自紧密封两种。压缩密封是利用螺栓拧紧压缩容器两个法兰面垫圈施加超过容器内压的压力达到密封的目的；自紧密封是依靠内压增大的部分压力达到密封的目的。高压容器由于经常拆卸，因此容器端部总是敞开的，并在使用时用法兰进行密封，一般法兰采用的密封形式包括刀口型和锥面型两类。

b　高压管路的连接和密封

高压装置中各部分的连接是用高压接头和管路组合而成，管路和阀门与高压容器的连接口径很小，故需使用一些特殊的连接和密封手段。目前一般采用卡套式密封和连接方式，这种密封是在欲连接部件的接口处，上部用螺帽或压盖压紧，在压紧的过程中，卡套内孔壁受压变形与管壁封合，外壁与锥孔壁封合起到良好的密封作用，该密封形式可在低于100MPa高压设备上使用，效果良好。卡套材料一般使用铜、铝、不锈钢或硬质橡胶、聚四氟乙烯等。

4.3　真　　空

大量冶金过程都需要在真空环境下进行，20世纪50年代以来，真空技术在冶金生产及科研中得到广泛应用，形成了一个专业领域，即“真空冶金”。在真空条件下，可以有效避免某些活泼组分被空气污染，并对材料进行真空脱气处理，保证冶金生产过程及最终产品的纯净度；对于某些挥发性强的高蒸气压材料，可利用不同成分蒸气压不同通过蒸馏处理，分离提纯获得高纯度产品。

所谓真空是指系统压力低于一个大气压的气体状态，一般用压力来描述真空状态，即气体分子密度。气体压力低，表示系统真空度高、气体分子密度小；反之，气体压力大，表示系统真空度低、气体分子密度高。习惯上，根据压力大小的不同把真空划分为不同的区域：低真空（大气压~100Pa）、低中真空（100~0.1Pa）、高真空（0.1~10^{-5}Pa）、超高真空（<10^{-5}Pa），一般冶金过程中常用的区域为高真空。

4.3.1 真空获取

获取真空的方法主要有三种：一是通过真空泵从工作系统向外抽气，二是在工作系统中设置冷阱，通过气体冷凝降低系统中气体含量；三是在工作系统中放置吸附剂吸附气体。其中通过真空泵向外抽气是获取真空的主要方法，后两种方法只是进一步提高真空度的辅助措施，因此一般又把获取真空的过程称为抽真空。

一些真空泵可以直接从大气压力开始启动，而另一些真空泵只能从较低的压力下开始工作抽到更低的压力，前者称为前级泵，如机械真空泵；后者称为次级泵，如扩散泵、分子泵、溅射离子泵等高真空泵等。真空泵开始正常工作的入口气体压力称为真空泵的起始工作压力。显然，只有当前级泵预抽真空的压力低于次级泵的起始工作压力，高真空泵才能开始正常工作抽气。真空泵在规定气压下单位时间内抽出的气体体积称为抽气速率，即抽速。真空泵在抽气足够长时间后所能达到的最低平衡压力称为极限真空度。

根据真空泵气体输送的工作原理不同，可将真空泵分为容积式真空泵和动量传输式真空泵两大类。容积式真空泵是利用泵腔体的周期性变化来完成吸气、压缩和排气过程，常用的容积式真空泵有旋片泵、滑阀泵、罗茨泵等。动量传输真空泵是利用高速旋转的叶片或射流带动气体连续不断从泵入口传输到出口，将气体抽出，常用的动量传输真空泵有扩散泵、分子泵、油增压泵等。

4.3.1.1 旋片式真空泵

旋片泵是一种典型的容积式真空泵，是最常使用的真空获得设备。旋片泵可以在大气压下开始工作，既可以单独抽真空使用，也可以作为其他高真空泵的前级泵使用。其工作原理是利用机械方法使工作室的体积周期性扩大和缩小以达到抽气的目的，结构如图 4-7 和图 4-8 所示，核心部件包括一个圆筒形定子、一个偏心实心圆柱转子和一个被弹簧压紧两端的翼片，翼片将转子和定子之间的空腔分割成两个部分。转子在电动机的驱动下在定子空腔内偏心转动，翼片在转子的带动下同步转动，翼片的后面的体积将扩大，气体从进气管吸进，而在翼片的前面，气体被压缩，并通过排气阀排出。

旋片泵属于低真空泵，单级旋片泵最大抽速为 755m^3/h，极限压力为 1~5Pa；双极旋片泵最大抽速为 250m^3/h，极限压力为 0.5×10^{-2}~5×10^{-2}Pa。旋片泵一般用于抽除密封容器内的干燥气体，但不适用于抽除氧含量过高、爆炸性、腐蚀性或含有颗粒灰尘的气体。若附加气镇装置，则可以抽除一定量的可凝性气体。气镇装置是采用一个调节阀门将少量干燥空气引入泵压缩腔中，在可凝结气体尚未液化前，使压缩空间内的混合气体的总压力就超过排气压力，从而冲开排气阀门排除泵体。

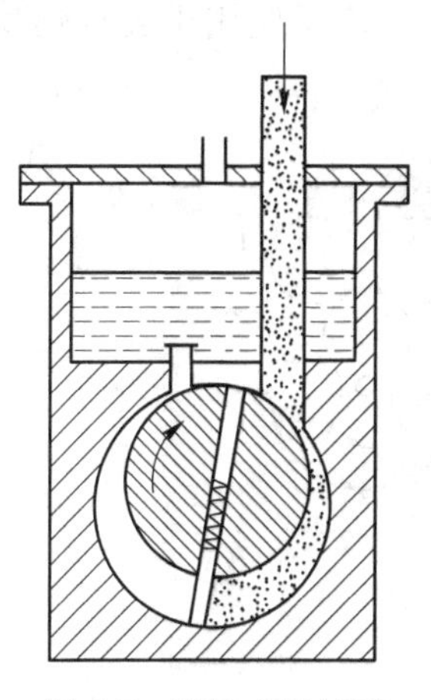

图 4-7 旋片式机械泵结构主视图

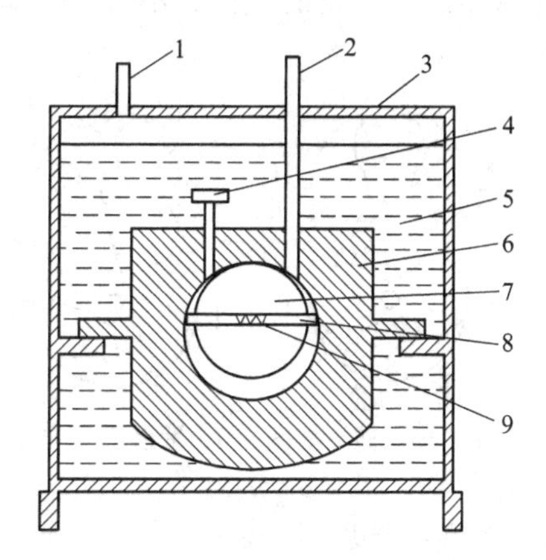

图 4-8 旋片式机械泵结构俯视图
1—排气管；2—进气管；3—外壳；4—排气阀；5—真空泵油；6—定子；7—转子；8—翼片；9—弹簧

4.3.1.2 往复式真空泵

往复式真空泵又称活塞式真空泵，属于低真空泵。该泵的工作原理是利用曲轴与连杆的作用，使气缸内的活塞做往复运动，活塞的一端从真空系统中吸入气体，另一端将吸入气缸内的气体通过气阀排入气阀箱，再由排气管排出。整个进排气循环中，活塞起驱动作用，进排气阀起止逆作用。通过活塞的连续往复运动，将真空系统中的气体不断抽出，达到所需的真空度，一般单级泵的极限真空度可达 1000~2000Pa，双级真空泵极限真空度为 4~7Pa。与旋片泵相比，往复式真空泵能制成大抽速的泵，但具有结构复杂的缺点。该类型泵一般用于真空蒸馏、真空蒸发、真空干燥、真空过滤等，但不适合用于抽除腐蚀性或含有颗粒灰尘的气体。

4.3.1.3 罗茨真空泵

罗茨真空泵（见图 4-9）是一种双转子的容积式真空泵，根据工作压力范围的不同，有直排大气的干式和湿式罗茨低真空泵，还有中真空罗茨泵（机械增压泵）和高真空多级罗茨泵等。罗茨泵在 1~100Pa 真空下有较大抽速，弥补了一般机械泵在该压力范围内抽速小的缺点，故又称为机械增压泵。在泵腔内有两个形状对称的呈“8”字形的转子做同步相对旋转，使得泵腔内体积周期重复变化，从而达到吸气和排气的目的。罗茨泵的突出特点是转子之间、转子与泵腔壁之间都无接触，其间通常存在0.15~1.0mm的间隙，泵腔依靠间隙来密封。由于转子与转子、转子与腔壁间无摩擦，转子可高速运转（转速可达3000r/min），且不必用油润滑，因此罗茨泵具有抽速大、体积小、噪声低、驱动功率小、启动快的优点。罗茨泵一般在大型机组中用作前级泵，极限真空度可达0.01Pa，可抽除含一定量灰尘或冷凝物的气体，不会产生蒸汽返流，广泛应用于真空熔炼、热处理、脱气等。

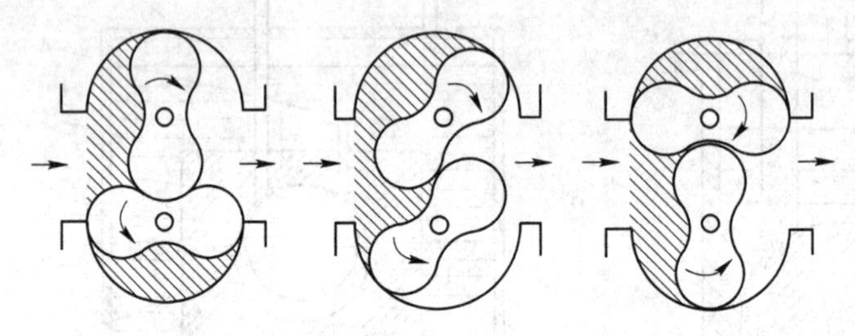

图4-9 罗茨真空泵示意图

4.3.1.4 涡轮分子泵

涡轮分子泵是一种高真空泵，其原理是利用间距很小的同轴定子和转子的高速转动，使转子尖端的线速度远高于气体分子的热运动速度，通过摩擦将转子叶片表面的动量传递给气体分子，实现气体逐级压缩并排出。为使分子泵处于良好的工作状态，转子的转速要达到16000r/min以上。分子泵无需预热，启动速度快，抽速平稳，在$1\sim10^{-6}$Pa范围内具有稳定的抽速。分子泵的极限真空度可达$10^{-6}\sim10^{-8}$Pa，但其不能在大气压开始工作，只能用做真空机组的次级泵，不能单独使用。由于分子泵仅仅在轴承使用润滑油，且油相对分子质量较大能够很快被抽除而不会影响高真空端，因此可实现清洁无油的高真空度。

4.3.1.5 油扩散真空泵

不同于上述机械泵，油扩散泵是一种以低压高速油蒸气射流作为工作介质的动量传输真空泵。扩散泵由加热部分、冷却部分和喷射部分共同组成，在预抽真空的前提下，有电热器加热泵油使之沸腾蒸发产生油蒸气，油蒸气沿导流管上升，随后通过各级伞形喷嘴喷出，高速喷出的油蒸气射流带动气体分子定向运动扩散至下一级喷嘴射流，经逐级扩散和压缩后经出口喷嘴和排气口被前级泵抽出，各级油蒸气射流被水冷壁冷却凝结返流回加热器重新加热，不断循环利用。扩散泵无需机械转动，具有抽速快、效率高、结构简单等优点，但也存在返油污染的缺点。普通油扩散泵的极限真空度可达10^{-5}Pa，可以通过改善喷嘴设计或在进气端设置液氮冷阱等手段，在一定程度上提高泵的极限真空度，减轻真空系统的油污染，此类超高真空油扩散泵真空度可达5×10^{-8}Pa。油扩散泵特别适用于大容量气体的快速抽空，常用于真空冶金及热处理。

4.3.1.6 吸气剂泵

吸气剂泵是利用吸气剂对气体的吸附（主要是化学吸附，物理吸附为辅）来捕集气体实现抽气的，常用吸气剂有钛和锆铝合金。

用钛作为吸气剂时，通过真空加热使钛材升华为蒸气，并在温度较低的泵壁上冷凝，形成新鲜的活性钛膜，被抽气体继而为活性钛膜所吸附并发生化学反应，生成钛的化合物，使被抽气体被不断消耗和富集，因此这种真空泵又被称为钛升华泵。钛升华泵起始工作压力小于0.1Pa，极限真空度可达10^{-9}Pa，可作为超高真空泵使用，其优点是不污染泵空间，不需要分离器，并可以直接与被排气空间相连；其缺点在于难以保证最大程度地激活和重复地控制抽速，不能作为超高真空的主泵，只能起到进一步提高真空度的辅助作用。

4.3.1.7 低温吸附泵

低温吸附泵是采用活性炭、分子筛等多孔性表面作为吸附介质，采用液氦作为冷却介质，利用低温高比表面积表面对被抽气体的冷凝和吸附作用，将气体捕集于多孔介质中，从而获得无油的高真空度。

其优点在于：抽气工作压力范围宽，起始工作压力高，可从大气压直接开始抽气，极限压力低，极限真空度可达10^{-13}Pa，可获得无油的高真空；抽气速率大，每秒可达几千升以上；结构形式灵活，占地面积小，适合大抽气量、真空度要求高的场合。但低温吸附泵运行时需要制冷剂或制冷设备，对氢气和惰性气体不起作用，长时间运行后吸附将发生饱和，需要及时再生。

4.3.2 真空测量与控制

测量空间真空度的仪器称为真空计或真空规。由于真空覆盖的压力范围很广，低到几百上千帕的低真空，高至10^{-9}Pa的超高真空，不可能通过一种真空计实现全真空范围内的测量，因此必须针对不同的压力范围选择适合量程范围的真空计，以实现不同压力区间的准确测量。真空计一般分为两类：一类能够从测量的物理量直接计算得到气压的叫绝对真空计；另一类为相对真空计，其所测的量必须和绝对真空计校准才能得到压力值，相对真空计相比于绝对真空计测量准确性稍差，但测量方便、迅速，可连续测量，因此应用范围更广。要针对不同的场合选择合适的真空计，必须对真空计的工作原理和应用范围有所了解，下面分别对几种常用的真空计进行简要介绍。

4.3.2.1 绝对真空计

（1）U形管真空计。U形管真空计以汞和真空油作为工作液体，将U形管一端的未知压力及作用与另一端的已知压力相比较，两者压力差可由两端的液面差表示。采用真空油作为工作液体，由于密度更小，同样的压差下会呈现更高的液面差，因此精确度会相对提高。此外如果倾斜放置U形管，液面差也会相应提高，精确度也会相应增大。U形管真空计测量范围下限取决于能分辨的高度值，一般人眼的分辨距离极限为0.5mm，因此该真空计的测量下限仅能达到约4Pa。如果采用光学测高仪可以将测量下限降低至$10^{-1}\sim10^{-2}$Pa。

（2）压缩式真空计。压缩式真空计，又称麦克劳真空计，其工作原理是波义耳定律，首先压缩一已知体积、未知压强的气体至一较小的体积，从而用观察液面差的办法来测定较小体积的压强，再推算未压缩前的压强。测量范围为$10^{-1}\sim10^{3}$Pa，其优点是结构简单、测量精度高，为绝对真空计，经标定后即可用作标准装置，用于校对其他真空计；缺点是不能连续测量和记录，操作麻烦、易碎，工作介质易污染环境，故使用不方便。

4.3.2.2 相对真空计

相对真空计通过测量与压强相关的物理量的变化来测量真空度，它能连续测量并自动记录数据，既可用于测量真空度，又可用于自动控制真空设备的操作。但其测量准确性较低，易受环境因素影响，需要定期校准。由于相对真空计使用方便，测量准确性也可以接受，所以得到广泛应用。常用的相对真空计主要包括热电阻真空计、热电偶真空计和电离真空计，应根据它们的量程范围和工作特性选择合适的真空计，也可将多种不同测量范围的真空计组装在一起成为复合真空计，使其测量范围从低真空覆盖到高真空。

（1）热电阻真空计。热电阻真空计是利用气体热传导系数与气体压强的关系来测量压力，通过测量热丝电阻随温度的变化间接测定真空度，热丝一般用钨、铂或镍制成，测量范围为$10^{-1}\sim10^{4}$Pa。热电阻真空计的主要优点是工作温度不高，工作电压也很低，适用于封闭的小体积真空系统；输出电量，易于自动记录，可作为自动控制元件和检漏元件。但也存在不少缺点，比如校准曲线不是线性的，且在使用过程中发生变化，使得校准困难；此外对环境敏感，需加以保护，并且由于热量变化滞后，测压不够灵敏。

（2）热电偶真空计。热电偶真空计与热电阻真空计类似，也是利用气体热传导系数与气体压强的关系来测量压力，不同的是热电阻真空计是通过电阻值的变化来反映真空度，而热电偶真空计是通过热电势来测量真空度，灵敏度比热电阻真空计差一些，测量范围也更窄，一般为$10^{-1}\sim10^{2}$Pa。

（3）电离真空计。当快速运动的电子或其他高能带点电荷通过稀薄气体时，由于非弹性碰撞而产生电离，单位时间产生离子的数量与气体分子的浓度（也即是压强）有关，利用这种特性来测量压强的仪器就是电离真空计。根据气体分子电离的来源和性质不同，电离真空计可以分为三大类：第一类是以热电阴极发射的电子作为电离源的热阴极电离真空计，第二类是以场致冷发射电子为电离源的冷阴极电离真空计，第三类是以放射性同位素为电离源的放射性电离真空计。其中第一类热阴极电离真空计最为常用，下面专门对此类真空计进行介绍。

热阴极电离真空计工作原理是通过炽热的阴极发射的电子被阴极与栅极之间形成的电场加速，使气体发生电离，电离产生的气体离子浓度与被测气体压强成正比，利用收集器将电离的气体离子收集起来，就可根据离子流的大小测量被测气体的压强大小。这种热阴极电离真空计反应迅速、测量方便、测量范围广，可达 10^{-5} ~ 10^{-1} Pa，对光、热、振动等环境因素不敏感，而且可以将测量的电信号方便地进行转换和传输，能够实现远距离、连续测量和控制，因此在高真空测量实际应用中最为广泛。其不足之处在于读数与气体种类有关，高压力下灯丝易被烧毁，高温灯丝的电清除作用、化学清除作用等会影响测量的准确度，这些需要在实际测量操作中加以避免。

4.4 气氛控制

冶金试验研究过程中，常用惰性气体作为保护气氛，或者需要提供还原性、氧化性气氛参与反应。根据试验需求及精度的不同，不仅仅要求达到稳定的压力或流量，有时还需要配制特定组成的混合气体，精确控制气体组成。本节内容主要介绍气体的净化、储存、安全使用，以及气氛的配制、测量和控制，以满足冶金试验研究对实验气氛的需要。

4.4.1 气体净化与安全使用

实验室常用气体包括 Ar、He、N_2、H_2、CO、NH_3、CH_4、O_2、H_2O、CO_2、Cl_2 等，其中 Ar、He、N_2 等惰性气体用作保护性气氛，H_2、CO、NH_3、CH_4 等还原性气体用作提供还原性气氛，O_2、H_2O、CO_2、Cl_2 等氧化性气体用作提供氧化性气氛。目前实验室用大部分气体都可以从工厂购买获得，一般都储存于高压储气钢瓶中，常用容积为 40L，最高充气压力为 15MPa，可储存常压下 $6m^3$ 的气体。

从工厂购入的气体都含有部分杂质，根据杂质含量的不同对气体纯度分级，通常分为四级，即普通气体（99.9%）、纯气体（99.99% ~ 99.999%）、高纯气体（99.999% ~ 99.9999%）和超高纯气体（> 99.9999%）。实际使用中需要根据试验精度的要求选择不同的纯度，如果气体纯度无法满足实验需要，则必须对其进行净化处理，避免杂质气体对实验结果产生影响。气体净化的方法一般有吸收、吸附、冷凝、化学催化等。

4.4.1.1 吸收法

吸收法一般是一个化学过程，将气体杂质通过化学反应溶解于吸收剂中，达到净化的目的。吸收剂既可以是固体，也可以是液体。固体吸收剂一般装在干燥塔或干燥管中，吸收液一般装于洗涤瓶内。根据被吸收气体杂质的不同选择合适的吸收剂，同时不与被净化气体发生反应。通过液体净化剂吸收杂质后，气体中会残留许多水蒸气，需要通过干燥剂进行脱水处理。

针对常见的水蒸气杂质，一般采用干燥剂进行脱水。空气中含有大量水蒸气，气体与水溶液接触后也不可避免会含有一定的水蒸气。常用的干燥剂、干燥原理及干燥能力见表 4-8。

表 4-8 各种干燥剂在 25℃的脱水能力

干燥剂	脱水后气体中残留的水含量 /g·cm^{-3}	每克干燥剂能脱除的水量/g	脱水原因	再生温度/℃
五氧化二磷 P_2O_5	$2×10^{-5}$	0.5	生成 H_3PO_4、HPO_3 等	不可以
$Mg(ClO_4)_2$	$5×10^{-4}$~$2×10^{-3}$	0.24	潮解	250，高真空
3A 型分子筛	$1×10^{-4}$~$1×10^{-3}$	0.21	吸附	250~350
活性氧化铝	0.002~0.005	0.2	吸附	175(24h)
浓硫酸	0.003~0.008	不一定	生成水合物	不可以
硅胶	0.002~0.007	0.2	吸附	150
$CaSO_4$(无水)	0.005~0.007	0.07	潮解	225
$CaCl_2$	0.1~0.2	0.15($1H_2O$)	潮解	
CaO	0.2		生成 $Ca(OH)_2$	

硅胶是在实验室中广泛使用的一种干燥剂，它是以 SiO_2 为主要材料的多孔玻璃态物质，是硅酸凝胶脱水后的产物，具有大量纳米级小孔，比表面积达 300~800m^2/g，具有很强的吸附能力，适用于含水量大的气体脱水。为指示硅胶的吸水程度，常用浸泡氯化钴溶液处理干燥后的蓝色硅胶，随着吸水量的增加，硅胶颜色将从无水氯化钴的蓝色逐渐转变为紫蓝（$CoCl_2·H_2O$）、淡红紫（$CoCl_2·2H_2O$）、红色（$CoCl_2·4H_2O$）直至粉色（$CoCl_2·6H_2O$），因此可通过水合氯化钴的颜色来直接判断硅胶吸水量的变化。当硅胶显示为粉色后，须对其进行干燥再生处理，之后可继续使用。由于硅胶吸水时放热，在干燥高温气体时应该进行同时冷却处理，以免脱水能力下降。硅胶易于再生，更换方便，吸附水量便于观察，使用安全方便，因此在实验室中得到广泛应用。

五氧化二磷干燥剂脱水能力很强，吸水后形成水合物，随着吸水量的增加依次形成偏磷酸、焦磷酸和正磷酸。但这些产物呈黏稠状附着在干燥剂表面，阻止其继续吸水，因此只能在初步脱水后作为后级干燥剂深度脱水使用。

$CaCl_2$ 和 CaO 也是实验室常用的干燥剂，虽然它们吸水能力较低，但由于廉价易得，因此也得到广泛使用。

除了水蒸气之外，针对其他杂质可以选择合适的吸收剂吸收一种或同时吸收多种杂质气体。KOH 溶液可以吸收 CO_2、Cl_2、SO_2 等酸性气体。固体碱石灰或碱石棉可以吸收 CO_2。经真空加热活化后的锆铝合金吸气剂，在 700℃左右可以有效吸收惰性气体 Ar、He 中的气体杂质，如 O_2、CO_2、N_2、H_2 等。一些金属脱氧剂，如铜屑、镁屑、海绵钛等在一定温度下（600 ~ 1000℃）可用于对惰性气体（氮气除外）脱氧。

4.4.1.2 吸附法

吸附法气体净化是利用高比表面的多孔固体吸附剂，使杂质吸附在孔隙或表面上，从而达到去除气体中杂质的目的。吸附剂对杂质的吸附一般是物理吸附，比表面积越大，吸附能力也就越强。使用一段时间后，吸附剂因表面吸附饱和而失效，需要通过加热、减压或吹扫等方式进行再生处理，或直接更换新鲜的吸附剂。

常用的吸附剂有硅胶、活性炭和分子筛，其孔径依次减小，颗粒粒径一般以 0.35 ~ 0.5mm 为宜。硅胶在 4.4.1.1 节内容中已有相关论述。活性炭是炭经过加热活化处理后的高比表面积多孔炭，其吸附容量和吸附速率较大。分子筛是人工合成的泡沸石，为微孔型的硅铝酸盐，是一种高效多选择性吸附剂，当脱除结晶水后，由硅铝骨架构成一定大小且均匀分布的孔道，这些孔道能够选择性吸附特定物质，只有临界尺寸小于孔道直径的分子才能进入孔道而被吸附。吸附法适合于杂质含量小、流速较低的气体净化。

4.4.1.3 冷凝法

冷凝法是利用低温介质将气体中的杂质冷凝从气体中去除净化的技术，目前常用于去除气体中水蒸气。冷凝的温度越低，净化的效果越好。常用的冷凝剂为冰和某些盐（如 KCl、NH_4Cl、KNO_3 等）混合而成的混合物，其冷凝维度可达到-10℃以下。要想达到更低的冷凝温度，就需要用到干冰或液氮，干冰的冷凝温度可达-78℃，液氮可达-195℃。

4.4.1.4 化学催化法

化学催化法利用催化剂，使气体杂质发生化学反应，生成的产物与气体分离而使气体净化。例如催化脱氧是一种实验室中常用的气体脱氧方法，用于氢气脱氧。常用的催化剂为铂石棉或 105 催化剂。氢气在 400℃左右在铂催化剂作用下与少量氧结合成水，再经脱水处理可实现脱氧净化。105 催化剂是含钯的分子筛，呈颗粒状，经真空低压 360℃活化处理后，在室温下即可起到催化作用，使氢气中的氧杂质与氢结合成水，同时通过分子筛实现脱水，广泛应用于氢气脱氧处理。

4.4.1.5 常用气体的净化方法

实验室中，应根据净化气体与净化剂的物理化学性质，气体中杂质的种类、含量、气体流量和净化的目标纯度选择合适的净化方法，可以同时采用几种不同的方法联合起来净化气体。以下介绍几种常用气体的净化方法：

（1）氮气。实验室用氮气一般是通过空气分离法获得的瓶装高压氮气，所含杂质主要为 O_2、CO_2、H_2O 等。其净化方法是用650℃的铜屑脱氧后，通过KOH或碱石棉除去 CO_2，然后利用 $CaCl_2$、硅胶和五氧化二磷干燥剂依次进行脱水处理。

（2）氩气或氦气。市售高压瓶装氩气或氦气纯度较高，主要杂质为空气，净化方法与氮气相同。若要脱除氩气中的氮，可将经脱氧和干燥后的气体通过不锈钢管中加热至600℃的镁屑或钙屑化学吸收脱氮。

（3）氢气。实验室中瓶装氢气杂质主要为 O_2、N_2 和 H_2O 等。净化方法为通过温度为400℃的钯石棉或活化处理的105催化剂后，再经过硅胶、五氧化二磷干燥。

（4）二氧化碳。实验室用瓶装二氧化碳杂质主要为 O_2、N_2、CO、H_2O、H_2S 等。一般首先将气体通过饱和的 $CuSO_4$ 溶液和 $KHCO_3$ 溶液去除硫化物，再用浓硫酸脱水，最后用活性铜屑脱氧。

4.4.1.6 气体的安全使用

实验室使用气体时，为了防止实验装置爆炸和人员中毒，必须采取专门的安全措施，实验设备气密性应良好，应有合格的报警装置和通风装置。CO、Cl_2、NH_3、SO_2 等气体有毒，使用时应严防泄漏，并注意实验室通风，其尾气应经处理后才可外排。可燃气体如 H_2、CO 等存在爆炸风险，应避免明火或电火花的产生。在通入可燃气体前应首先将试验容器内空气抽空，或通过 Ar、N_2 等惰性气体置换。在实验结束后的降温过程中，应用惰性气体将炉内可燃气体排除，以免由于炉内压力降低吸入空气而发生爆炸。氧气能起到助燃作用，氧气瓶和可燃气体钢瓶绝不允许混放在一起，其减压阀也不允许混用。

为了安全使用，不致误用，不同气体高压钢瓶都涂有不同颜色，以示区分，例如，氧气用天蓝色瓶、氢气用深绿色瓶、二氧化碳用黑色瓶、氯气用草绿色瓶、氨气用黄色瓶、硫化氢气体用白色瓶、其他可燃气体用红色瓶、非可燃气体用黑色瓶。所有气瓶都应装有密封阀，密封阀上装减压阀，并用螺丝旋紧。用于可燃气体的气瓶为左旋螺纹，其他气瓶都用右旋螺纹。气瓶必须用支架固定，不允许用人直接搬运气瓶。高压瓶装气不能使用到常压，否则要清洗后才能充气，气瓶应定期打压检验。

4.4.2 混合气体配制

冶金试验研究中往往需要特定的气氛，有时根据实验的需要甚至要控制气体的分压，比如氧势、氮势、碳势等，因此需要配置定组成的混合气体，以维持反应空间气氛的稳定，实现气氛的精确控制。

要获得所需的气氛并对其精确控制，首先必须对反应器进行净空处理，以免反应容器原始气体对反应过程产生影响。主要有两种方法：一是抽空法，二是驱赶法。

抽空法是通过真空泵将反应容器抽成真空，然后充入所需的气体。抽完一次真空后充入新的气体；然后再次抽真空并充气，如此反复几次，使容器内的原始的气体减少至忽略不计。此方法方便迅速、安全可靠，尤其对于爆炸性气体，可免除爆炸风险。

驱赶法是直接利用新的气体充入反应容器驱赶原来的气体，通过反复充入所需气体将容器内气体进行置换。此方法对设备要求低，不需要真空抽气系统，对反应器气密性要求不高，但所需时间较长，且对所需气体消耗量大。

为获取定组成的混合气体，常用三种方法：静态混合法、动态混合法和平衡法。

（1）静态混合法。该方法是预先将气体按所需比例配好，充入气瓶中，再由高压储气瓶压入反应容器。气体配制比例既可按照气体体积确定，也可按照各气体压力来确定。配气时两种气体应具有相同的温度，当液化气体气化时温度会下降，因此气体流量须要控制到足够小，尽可能减少温度变化的影响。静态混合法简便易于实现，但储气量有限，有时不易混匀，压力也不容易稳定。

（2）动态混合法。动态混合法是将所需混合的气体按照所需的比例换算成分压比，通过流量计准确计量后混合，通入反应容器。需要注意的是混合时需要有封闭式稳压装置。该方法通过流量控制气体各组分的比例，配比方便、灵活，可随时在线调节混合气体组成，精确度较高，因此在实验室中得到广泛使用。

（3）平衡法。平衡法是指通过一定温度下多种气体的化学平衡获得特定组成的气氛。例如，若要配制一定组成的氢气-水蒸气混合气体，可根据不同温度下氢和水蒸气的平衡分压关系，将氢气通过一定的蒸馏水中，达到平衡即可获得所需比例的混合气体；改变水温，混合气体中氢气/水蒸气的比例即相应发生变化。又例如，热处理过程中炉膛空间的碳势对于工艺控制至关重要，在一定温度下，炉子气氛与钢中碳含量达到平衡，控制气氛碳势有两种途径，一种是气氛之间的水煤气反应，另一种是 CO 和 CH_4 的渗碳作用，可以通过 CO_2/H_2O、CO/CO_2 和 CH_4/H_2 的分压之比，在平衡时即可控制炉内碳势，获得所需组成的混合气体。

4.4.3 气氛测量与控制

4.4.3.1 气体流量的测定

流量是指单位时间通过垂直横截面积的质量。通过动态混合法配置一定组成的混合气体，控制气相的组成，需要准确测定气体的流量。在气体净化过程中，为使气体中杂质能够被有效去除，需要控制适当的气体流速，也要求准确测定气体的流量。流量的测定仪表有很多，有变面积式（即浮子式、电磁式）、压力式及固定叶轮式，涡轮式及旋转叶轮式、热式、声式等。无论采用何种仪表，测定气体流量都是一个复杂的过程，必须考虑被测流体及其周围物体的特性。实验室内常用的流量计有两种：一种是转子流量计，另一种是毛细管流量计。

（1）转子流量计。转子流量计主要是一个锥形玻璃管，管中有一旋转浮子（又称转子），当气体由下往上流过玻璃管时，随着气体流速的不同，浮子将反抗重力在管内浮起至不同的高度，通过浮子高度的不同可以定量反映出气体流量的大小。气体流量越大，浮子上浮的位置越高。可以通过不同气体气路浮子上浮高度的比例来控制混合气体的比例。转子流量计必须严格垂直安装使用，并用已知流量的标态的空气进行刻度标定。转子流量计测量范围大、读数直观、压损小且恒定、反应速度快、维护使用方便、价格便宜，因此得到广泛使用。但转子流量计的测量准确度不高，误差为±(1%~2.5%)，要想准确测量流量则需用更加准确的毛细管流量计。

（2）毛细管流量计。毛细管流量计的工作原理是基于测量毛细管端部的压力降，当气体流过毛细管时，需要克服毛细管对气流的阻力，因此在毛细管两端产生压力降。压力降取决于气体的流速、温度、毛细管直径和气体黏度，对于特定流量计仪器而言，除了气体流速之外都是固定不变的，因此可以通过压力降的大小反映气体流速，从而测量气体流量。

毛细管流量计的量程与毛细管的内径和长度相关，若要测量更小范围的流量，就应选用内径较细的毛细管。也可通过改变毛细管中液体介质改变流量计量程范围，对于低流量气体应采用密度较小的液体（如汽油），大流量气体的测量应采用密度较高的液体。毛细管流量计结构简单、测量精度高，在实验室中得到广泛应用。

4.4.3.2 气体成分的测定

目前炉内气氛成分的分析方法有露点法、红外分析法、氧势测定法、热丝法、电阻法、气相色谱法等。常用气氛分析方法及其特点见表4-9。

表4-9 气体成分检测方法

分析方法	分析对象	分析精度	反应时间	能否连续自动控制	适用哪种可控气氛	备注
钢箔法	含碳率	一般	20~30min	不能	吸热式气氛	称重或化学分析法
热丝法	含碳率	高	立即读出	能	吸热式气氛	钢丝易损坏和污染
奥氏分析法	全分析	低	10~45min	不能	各种可控气氛	有操作误差
气相色谱法	全分析	高	5min	不能	各种可控气氛	维修费事

续表 4-9

分析方法	分析对象	分析精度	反应时间	能否连续自动控制	适用哪种可控气氛	备　注
红外线分析法	CO_2、CO CH_4、NH_3	高	15s	能	吸热式气氛	多点控制
露点法	H_2O	一般	5min	不能	吸、放热式	操作误差
冷镜面法	H_2O	高	2min	能	NH_3 分解气	镜面污染
雾室法	H_2O	一般	1min	不能	NH_3 分解气	操作误差
氯化锂法	O_2	高	0.5~2s	能	吸、放热式 NH_3 分解气	直接装炉内
氧势测定法	CO_2	一般	2min	能	吸、放热式 NH_3 分解气	温度、流量、电导液质量分数都对分析精度有影响

以上各种分析方法，有的可以对炉子气氛进行连续分析控制，有的只能作为气氛定量分析用，而不能实现气氛的控制。露点法、雾室法、气相色谱法等只能对炉子气氛成分进行定量或定性的分析。热丝法、红外分析法、氧势测定法、电导分析法等方法都能实现对气氛的连续控制。这些分析控制方法都有各自的特点和优势，也有不同的适应范围。其中氧势测定法分析精度高，测量速度快，是目前应用最为广泛的气氛测量控制方法。将气氛分析方法应用于气氛控制仪器仪表的有应用氧势分析法测量控制气氛氧势的氧探头碳势控制仪，应用露点法进行气氛控制的露点仪，应用红外分析法分别测定气氛的 CO_2、CO、CH_4 的红外仪等。

复习思考题

4-1　常用电热体有哪些，其工作温度和工作特性分别是什么？

4-2　如何获得加热炉恒温区？

4-3　常用耐火材料有哪些，它们的使用温度和适用条件分别是什么？

4-4　常用真空泵有哪些？简述它们的工作原理、工作压力和特点。

4-5　要获得特定的气氛首先需要对炉膛净空处理，一般有哪几种方法？

4-6　实验室使用气体时，需要注意哪些安全事项？

5 试验样品的制备技术

试验得到的样品需要准确的分析检测，以此为依据进行分析，才能得到试验的结果。所以，试验样品的采取、调制、试样分解、测定溶液的制备等都是化学分析中必不可少的操作。在这个过程中，来自取样制备的误差比分析误差大得多。一直以来，采取正确的取样制备样品以减少误差是冶金试验人员关心但仍未解决的问题。一方面冶金试验人员采取正确的取样制备技术，以减少这一环节对整个试验结果的影响程度；另一方面，随着分析仪器和检测设备的人性化、智能化，也能从一定程度上减少取样制备带来的误差。本章主要介绍常用的检测对象的采样制备，对于如何检测不做具体详细介绍。

5.1 合金样品的制备

冶金试验研究过程中，可能需要合金样品进行取样分析。不同的合金材料对样品的采集及制备要求不尽相同。一旦有较大失误，会使检测结果造成很大出入。样品制备工作的出发点是准确的分析。而要达到这个目的必须在样品制备工作前明确分析工作的目的、了解母体材料的状态，并将这些同分析方法和标样制备联系在一起制定一个合理的样品制备工序流程。如果不加思索地采取经验式采样制备样品，会使分析值准确性降低，甚至导致试验的失败或者得到相反的结论。

5.1.1 铁合金样品的制备

铁合金作为炼钢的原料，是以铁为主要元素的合金。铁合金的采样和制备方法在日本工程标准（JES）有明确的介绍。日本工业标准（JIS）做了系统的规定，目前基本上以此为标准。铁合金样品一般是粉末，也有部分是熔液或者铸块。铁合金一般用化学分析（检测合金成分的含量），也有部分铁合金需要制样，对金相组织进行扫描电镜分析。下面主要介绍化学分析中的铁合金的采样和制样。

铁合金的采样和制样主要有选取批料，从批料中随机采取一定数量的小样，将所有小样进行制样、粉碎缩样、确定试样，然后再送检分析，得到分析数据。

铁合金的采样和制样工作大多数在现场进行，容易受到周围环境的影响。所以，需要注意以下几点：

（1）各个阶段使用的机械、器具都要充分清洁，防止其他杂物进入样品；

（2）试样需要全部进入能够容纳下的容器中，且容器需要干净、耐用和能够密封；

（3）制好的试样要标注清楚，以防在整个分析过程中产生差错。

5.1.1.1 铁合金的采样

铁合金采样时，可以对移动中的批料进行定时间隔取样，以保证批料的品位特性移动到测定试样中。采样的方法随批料状态不同而有所差异，可以采用分散采样、容器取样、熔液取样和铸块取样。小样可用专门取样工具采取样品，对于低碳铬铁难以粉碎的样品可以用钻孔、切削等方法取样。熔液取样的时候熔液要用专门的勺子，该方法偏析影响小、进度高，可以推断炉中批料品位；但可能存在熔液开始流出和最后流出有一定成分上的差异，也可能在沉降槽内偏析，必须严格遵守采样时间和采样环境符合要求；同时，不得将炉渣混入样品，器具不能有溶损。

5.1.1.2 铁合金试样制备方法

铁合金试样制备主要流程为：干燥—粉碎—缩分—粉碎—缩分—调制样品—分析。

在试样制备过程中应该注意以下几点：

（1）制备前的样品如果比较潮湿，必须风干后再制样；

（2）选择合适的粉碎机，将全部试样粉碎成符合要求的粒度；

（3）粉碎和缩分时，注意器具的干净和环境周围的条件，不能让其他杂质污染样品；

（4）缩分工序中尽可能使用二分器，缩分必须用细粒度，试样粒度 3~8m 比较合适。

调制好的样品通常用 4 个定量样品，放入容器，加盖密封。试样通常需标明品名、批料量、批料号或者试样编号、制备的日期、采样制样人员姓名、其他需要说明的备注。

5.1.2 钢铁样品的制备

钢铁样品的分析存在很多困难，不是分析检测的最后一个环节的分析误差很大，而且钢铁样品取样对象不是温度很高的熔融液体就是偏析严重的固体，这对钢铁样品的制备提出了更高的要求。

5.1.2.1 钢铁样品的采样

钢铁凝固过程中成分的偏析不可避免，为了提高分析检测的准确性，一般从均匀的熔融液态中取样。钢铁冶金过程中，不管样品是出于铁水包、炼钢炉、钢水包、铸模哪个工序，理想的取样样品是没有偏析和具有代表性的样品。化学分析过程中，样品经过分解，分析结果不受局部偏析的影响。但对于像 SEM、XRD 等仪器分析来说，偏析对结果影响很大。在生铁块、钢坯、钢材制品中采样时，要考虑采集原材料的部位、存在的缺陷、批次、种类等问题，对于偏析突出的样品一般不做产品化学分析。

5.1.2.2　钢铁样品的制备

在化学分析和仪器分析（主要指发射光谱法和 X 射线荧光分析）中，钢铁样品的制备要求对分析结果的影响尤为突出。图 5-1 所示为材料—送样状态—分析试样—分析方法的关系。

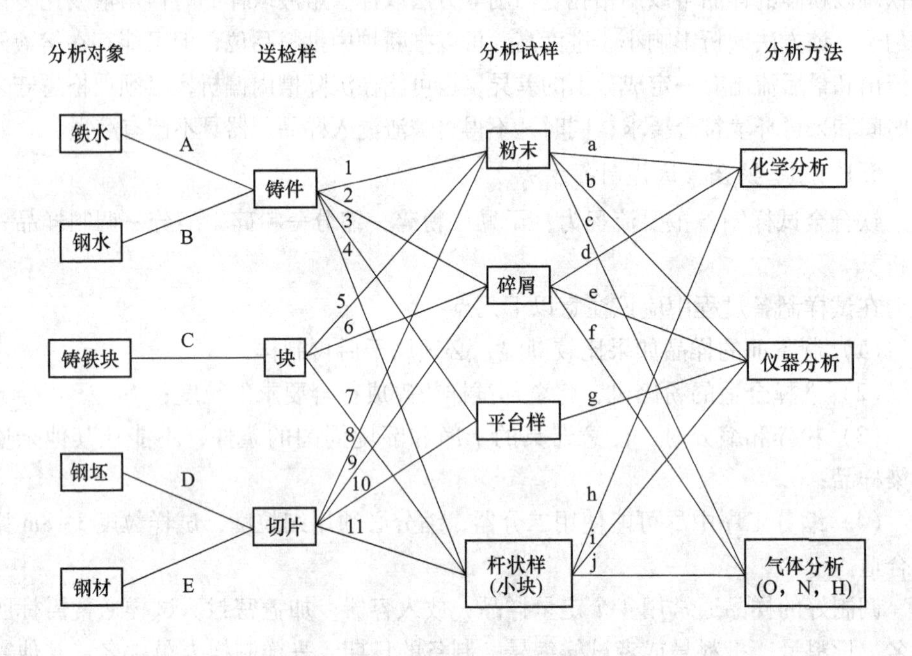

图 5-1　钢铁试样制备关联图

（1）铸铁样品制备。由于铸铁中石墨成分的种类、形状、含量以及母体材料的形态和送检样品的形态不同造成石墨脱落的比例不同，有可能会造成碳分析值偏低等现象。所以，一般需要注意三点：第一，尽可能使用白铁化的制备分析样品；第二，灰口铁试样使用块状样品分析；第三，屑状分析样品需要仔细制备样品，一次粉碎到所需要的粒度，避免多次粉碎。

（2）钢样制备。从钢水采集样品可以用钻床（不能用水或者油作冷却剂）从尽可能具有代表性的平均组分的部位打孔取样；从成品或者半成品采集样品时应将材料表面处理干净后用钻床或者其他采样设备取样。

5.1.3 铝合金样品的制备

根据加入合金元素的种类、含量和合金的性能，铝合金分为变形铝合金和铸造铝合金。化学成分分析时，对于铝合金一般用钻头取样，注意的是需要在不同部位采取深度极限取样，样品才有代表性。取样过程中，应避免样品过热导致氧化，取纯铝或者黏度比较大的铝合金时，可以使用无水乙醇作冷却润滑剂。样品太薄、太细，不便用钻或者铣床取样时，可以用剪刀剪得到样品。应该取4份样品，混合均匀后再取出部分样品送检。

铝合金金相组织分析是比较常见的分析方法，需要制备满足金相分析要求的样品。为了使金相组织更清楚呈现，可以用浸蚀方法。表5-1列出了一些常用铝合金试样的浸蚀剂及浸蚀方法。

表5-1 铝合金的宏观组织和显微组织试样的浸蚀剂及浸蚀方法

浸蚀剂成分	浸蚀剂的配制和浸蚀方法	最适合的材料
18mL 甘油，9mL HNO_3，75mL HCl，9mL 浓 $FeCl_3$	试剂应按所写的顺序配制，试片浸入试剂中15~20s，然后在50%HNO_3溶液中浸5~10s，然后用水清洗使之干燥	纯铝，AJ17、AM11合金和阿维阿耳轻合金等
10%和20%的NaOH溶液	试样放入70℃的溶液中直到形成暗色的氧化膜（10~45s），然后放入25%的HNO_3溶液中，随后用水清洗使之干燥	含铜的铝合金（AJI1、AJI6、AJI12、JI1、JI16、AH4等）
50mL HCl，25g $Fe(NO_3)_3$，25mL H_2O	试剂在配制后最好保持一昼夜，用棉花球沾试剂浸蚀试片直到暗色氧化膜出现，然后在25%HNO_3溶液中清洗，黑色完全消失后用水清洗使之干燥	硅铝明型合金（AJ12、AJ14、AJ19等）
10mL HF，15mL HCl，90mL H_2O	试片浸蚀试剂中30~60s，然后用水清洗使之干燥	马格纳里铝镁型合金（AJ18、AJ13、BH11-3）
16.5mL HNO_3，35mL HCl，50mL $Fe(NO_3)_3$，700mL H_2O	试片在室温下浸入试剂中，在试片的显微组织显露出来后移入另一种试剂（25%的HNO_3）中，然后用水清洗使之干燥	AJI1、B15等合金
10mL HF，7.5mL HCl，7.5mL HNO_3，25mL H_2O	试片在室温下浸入试剂中，试片的显微组织显露后移入另一种试剂（25%的HNO_3）中，然后用水清洗使之干燥	AJI1、B15等合金
0.5mL HF，99.5mL H_2O	试片浸蚀试剂中15~30s，然后用水清洗使之干燥	AJI1、B15、JI1等合金
1mL HF，1.5mL HCl，95.5mL H_2O，2.5%HNO_3	试片浸蚀试剂中15~30s，然后用水清洗使之干燥，用来显露晶界特别适合	AJ14、AJ19、B95、B15、AJI1、AR4等合金

续表 5-1

浸蚀剂成分	浸蚀剂的配制和浸蚀方法	最适合的材料
25mL HNO_3，75mL H_2O	试片浸入70℃的试剂25~40s，然后用水清洗使之干燥	AJ14、AJ18、BH11-3、AJ13等合金
25mL H_2SO_4，80mL H_2O	试片浸入70℃的试剂中保持30~60s，然后用水清洗使之干燥	AJ1、AJ17等合金
10mL H_3PO_4，90mL H_2O	试片浸入试剂中15~30s，然后用水清洗使之干燥	含铬、铁等的合金（B14A）等

5.1.4 稀土合金样品的制备

稀土合金可采用常规的化学分析和仪器分析。化学分析样品在取样过程中要注意稀土合金的氧化性，一般用粉末送样。通常制备稀土合金粉末时需要在保护性气氛中进行，以减少稀土合金在制备粉末过程中氧化。这里主要介绍稀土合金仪器分析的显微分析。

显微分析时制备稀土合金的磨片有一定的难度。由于稀土化学活性很大，可以和研磨体的物质（氧化镁、氧化铬等）反应，暴露在空气中，研磨的表面很快会被氧化，一般的腐蚀剂就能发生强烈的腐蚀，这就造成部分人员将样品中强烈腐蚀的部分当成了金属真实结构。稀土金属及合金属于软质材料，制备中很容易使磨片产生变形双晶，必须对磨片进行深度腐蚀或电腐蚀，以消除磨片制备过程中产生的变形和表面不能反映金属真实结构的表面层。切试样最好用手工手锯进行，为避免发火性稀土金属燃烧，还需要在锯的过程中加润滑剂。稀土合金抛光过程难度不大，既可以用手工研磨，也可以用旋转砂轮抛光。对于镱金属或者合金，需要用细砂纸研磨，同时要加矿物油。一般抛光过程中用高纯度的甲醇作润滑剂制备稀土或稀土合金。制备稀土合金磨片样品最困难的是选择腐蚀剂。分布在晶体内的树枝状结晶和存在于晶界上的氧化物杂质不进行腐蚀也可以很清楚地发现。稀土合金腐蚀一般采用很弱的腐蚀剂。大多数稀土合金都采用3%~5%硝酸的酒精进行腐蚀。用42mL磷酸、12mL二乙氧基乙醇和47mL丙三醇可以有效去除过度腐蚀的腐蚀层。钇金属或者合金最好的腐蚀剂是用2份磷酸和1份乙醇混合物。钇金属或者合金电腐蚀用16%醋酸和84%氯酸溶液。

5.2 矿石及原料样品的制备（贵金属矿样的制备）

矿石及原料样品的分析主要有化学元素分析和光学显微镜分析。元素分析可以准确得到化学成分组成，为后面的冶金处理提供原始依据。同时，还要对矿物进行光学显微镜分析，对矿石的成矿和存在状态进行分析，以为后续冶金工艺选择提供依据。

矿物的化学成分分析取样制样相对比较简单，选取具有代表性的矿石，破碎后用抽样缩分法将样品经过干燥和研磨制备成可以送检的样品即可。矿物的光学显微镜分析矿物化学成分主要有浸蚀反应和显微化学分析法。

5.2.1 矿物样品的浸蚀和微化

浸蚀反应时，要将光片全部浸入浸蚀剂中，不断摇晃，使浸蚀剂充分同矿物表面接触。浸蚀后立刻将光片从浸蚀剂中取出，用蒸馏水冲洗干净，用干净的滤纸去除蒸馏水，在显微镜下观察浸蚀是不是适当。例如用1% NH_4Cl 水溶液浸蚀碱度（CaO/SiO_2）为2～2.5的烧结矿或钢渣试样光片时，正常情况下 $3CaO \cdot SiO_2$(C_3S) 呈蓝色，$2CaO \cdot SiO_2$(C_2S) 呈棕色。如果浸蚀过度，$3CaO \cdot SiO_2$ 呈黄色或者晶体遭到破坏，$2CaO \cdot SiO_2$ 晶体也会被破坏，两者的颜色就很难区分。若浸蚀不够，$3CaO \cdot SiO_2$ 呈浅褐色，$2CaO \cdot SiO_2$ 颜色很淡，两者也很难区分。表5-2列出了一些矿石常用浸蚀剂、浸蚀条件及浸蚀特征。表5-3列出了一些常见矿石中重要元素的微化分析方法。

表5-2 常用浸蚀剂、浸蚀条件及浸蚀特征

浸蚀剂名称	浸蚀条件	浸蚀特征
0.5%HCl	20℃，2～3s	方解石变为暗灰色，白云石不染色
0.25%$FeCl_3$	20℃，10s	方解石呈蓝到棕色，白云石不染色
蒸馏水	20℃，2～3s	CaO呈彩色，浸蚀时间长（3～10min），C_3S 呈棕色或蓝色，C_2S 呈淡棕色，并且有平行条纹
	沸腾，15～25s	$CaO \cdot Al_2O_3$ 呈棕或蓝色
1%NH_4Cl 水溶液	20℃，8s	C_3S 呈蓝色，少数呈棕色；C_2S 呈浅棕色，游离CaO呈彩色麻点图，氧化钙受轻微浸蚀
5%NH_4Cl 水溶液	20℃，10～20s	C_2S 呈彩虹色；$3CaO \cdot MgO \cdot 2SiO_2$($C_3MS_2$) 呈浅棕色纺锤状；$C_3MS_2$ 与 C_2S 固溶体呈棕色，并有明显黑边，像许多小棒槌连在一起
1%硝酸酒精溶液	20℃，10～20s	C_3S 呈棕色，C_2S 呈黄褐色，游离CaO受轻微浸蚀；CMS浸蚀，轮廓清楚
10%硫酸镁水溶液	20℃，10s，浸蚀后用蒸馏水和酒精各洗5s	C_3S 呈天蓝色，C_2S 及其他矿物不受浸蚀
40%HF蒸汽熏	把光片置于HF瓶口上熏10～30s，然后用吹风机吹30min，以免腐蚀镜头	C_3S 呈鲜艳的蓝色，C_2S 呈稻黄色，游离CaO不受浸蚀；此试剂能把 C_3S 中的 C_2S 包裹物和由 C_3S 分离出来的二次 C_2S 鉴定出来
1∶100冰醋酸和乙醇溶液	20℃，2～5s	C_3S 和游离CaO均受浸蚀，显形明显；C_2S 受轻微浸蚀，显形不明显

续表 5-2

浸蚀剂名称	浸蚀条件	浸蚀特征
王水（HCl 75mL，HNO_3 25mL）		鉴定赤铁矿和其他铁氧化物用，赤铁矿不受浸蚀，磁铁矿浸蚀后变黄，浮氏体浸蚀后变黑
氯化亚锡（$SnCl_2$ 在95%酒精溶液中溶解至饱和）	20℃，1~2min	鉴定磁铁矿、浮氏体、方锰矿及其固溶体；磁铁矿 5min 内不受浸蚀，浮氏体、方锰矿及其固溶体 1~2min 内浸蚀后变暗灰色
氯化亚锡饱和 1%盐酸溶液		鉴定磁铁矿、浮氏体、方锰矿及其固溶体；磁铁矿 5min 内不受浸蚀，浮氏体、方锰矿及其固溶体 1~2min 内浸蚀后变暗灰色
1∶4 盐酸（HCl 20mL，H_2O 80mL）	常温，30s	2CaO、Fe_2O_3 常温下 30s 内被腐蚀变黑
1∶1 盐酸（HCl 50mL，H_2O 50mL）	60℃，1~2min	（1）三元铁酸钙（$CaO \cdot FeO \cdot 4Fe_2O_3$，$4CaO \cdot FeO \cdot 4Fe_2O_3$，$3CaO \cdot FeO \cdot 7Fe_2O_3$）于 60℃、2min 内被腐蚀； （2）铁钙黄长石于 60℃、2min 内周围的玻璃质渣相被腐蚀，可见黄褐色内反射色； （3）钙磁铁矿于 60℃、1min 内被腐蚀出现平行{111}晶面的直线状浸蚀沟，因此可与磁铁矿区分
HCl 或 HNO_3		方解石变为暗灰色，白云石不染色
H_2O_2		方解石呈蓝到棕色，白云石不染色
氢氟酸酒精溶液（HF 10mL，H_2O 40mL，酒精 50mL）		二铁酸钙于 60℃的盐酸（1∶1）中浸泡 2min 以后，再用氢氟酸酒精溶液泡 1~2min，即可被浸蚀

表 5-3 常见重要元素的微化分析方法

元素	方法	产物	附注
Cu	用 1∶1 HNO_3 或王水分解，1∶7 HNO_3 浸取残品，加 3% $K_2Hg(CNS)_4$ 水溶液	$CuHg(CNS)_4$，黄绿色鱼草状、苔藓状晶群和针状晶体或尖削的柱状晶体	有 Fe 时溶液呈红色，Fe 对本法有干扰，在试验前宜将 Fe 用 NH_4OH 沉淀排除，灵敏度 0.01%
Zn	用王水或 1∶1 HNO_3 分解，1∶7 HNO_3 浸取，加 3% $K_2Hg(CNS)_4$ 水溶液	$ZnHg(CNS)_4$，白色羽毛状晶体，十字形骨晶（雏晶）	含 Fe 时骨晶呈红色，甚至溶液也呈红色，可在试验前用 NH_4OH 沉淀 Fe 的办法排除，含 Cu 时可成类质同象骨晶，使骨晶带草绿色，灵敏度 0.02%
Co	用 1∶1 HNO_3 或王水或分解，1∶7 HNO_3 浸取： （1）加 3%$K_2Hg(CNS)_4$ 水溶液； （2）加 CsCl 固体	（1）$CoHg(CNS)_4$，靛蓝色柱状晶体； （2）$3CsCl \cdot CoCl_2$，绿蓝色正方柱状、针状、刀片状晶体和不规则粒状	（1）如有多量 Ni^{2+} 存在时，则呈蓝色纤维放射状集合体或圆球体，反应迟缓，受 Fe、Ni 等干扰，灵敏度 0.02%； （2）不受 Fe、Ni 的干扰

续表 5-3

元素	方法	产物	附注
Cd	用 1∶1 HNO_3 或王水或分解，1∶7 HNO_3 浸取，加 3% $K_2Hg(CNS)_4$ 水溶液	$CdHg(CNS)_4$，无色异极柱状晶体（一端具锥面），两端均出现孔洞	溶液浓度较大时，晶体可聚成十字状
Ni	用王水或 1∶1 HNO_3 分解，1∶7 HNO_3 浸取： （1）加 3%$K_2Hg(CNS)_4$ 水溶液； （2）将浸取液烘干，加一滴 20% NH_4OH 沉淀去 Fe 质；吸清液转移，烘干，加一滴 2%二甲基乙二醛肟酒精溶液	（1）$NiHg(CNS)_4$，褐色圆球体； （2）$Ni(C_4H_7N_2O_2)_2$，粉黑色非晶质沉淀，随后变成粉红色，由小针晶组成的毛毯状集合体，具蓝色干涉色	灵敏度 0.01%，过量的 Fe、Co 对试验有干扰
Hg	用王水分解，1% HNO_3 浸取，加入一小粒 $Co(NO_3)_2 \cdot 6H_2O$，待溶解后再加入一小粒 KCNS，用 1∶ 5 HCl 浸取，加一小粒固体 KI	$CoHg(CNS)_4$，蓝色柱状、树枝状、球状、羽毛状晶体，HgI_2 细小黑色针状、菱面体状晶体	
Fe	HNO_3、1∶1 HCl、王水或 Na_2CO_3熔珠分解，用 1:7 HNO_3 浸取，加 3%$K_2Hg(CNS)_4$ 水溶液或 KCNS 水溶液，用 1:7 HNO_3浸取，加两滴 2% NH_4OH，用 1∶1 HCl 或 Na_2CO_3 熔珠分解，1∶5 HCl 浸取，加 $K_4Fe(CN)_6$（黄血盐）水溶液用 1∶1 HCl 或 Na_2CO_3 熔球分解，用 1:5 HCl 浸取，加 $K_3Fe(CN)_6$ 赤血盐水溶液	$Fe(CNS)_4$，红色溶液；$Fe(OH)_3$，黄色至橙色胶状、絮状的非晶质（无定型）沉淀；$Fe_4[Fe(CN)_6]_3$，普鲁士蓝，无定型深蓝色沉淀；$Fe_3[Fe(CN)_6]_2$ 滕氏蓝，无定型蓝色沉淀	证明 Fe^{3+}的存在，过量的 Ni、Co 有干扰，灵敏度 0.02%； 证明 Fe^{2+}的存在
Mn	用 1∶1 HCl 王水或 Na_2CO_3 熔球分解，用 1∶7 HNO_3 浸取，加一小粒固体 $NaBiO_3$	$Na(MnO_4)$，粉红色至紫色溶液，不稳定，15s 左右即分解成褐色沉淀	灵敏度 0.02%($MnCl_2$)
Cr	用 $Na_2CO_3+KNO_3$ 熔珠分解，先溶于热水溶液，移液，再用 20%H_2SO_4 酸化，加 1% 二苯基代碳醛酒精溶液	蓝紫色溶液	灵敏度 0.015%
Ti	分解、浸取 Cr，加 H_2O_2 两滴	黄色溶液	

续表 5-3

元素	方法	产物	附注
Pb	1:1 HNO_3 分解，蒸馏水浸取，加一小粒 KI（产物 PbI_2 易溶于 KI 溶液中，故不能多加）	PbI_2，柠檬黄色的六边形晶片，干后形成无色透明，具格子状花纹记忆的针状晶体（2KI · PbI_2）	灵敏度 0.01%
Sb	1:1 HNO_3 分解，1:5 HCl 浸取，先加一微粒 CsCl，后加一小粒 KI	先形成无色透明星状和六边形的 $SbCl_3$ · 3CsCl 晶片，加 KI 后形成橙黄色的六边形和星形晶片（SbI_3 · 3CsI）	灵敏度 0.01%，颜色以极薄晶片为准
Bi	分解、浸取、加试剂均与 Sb 同	先形成无色透明星状和六边形的 $SbCl_3$ · 3CsCl 晶片，加 KI 后形成橙黄色的六边形和星形晶片（SbI_3 · 3CsI）	灵敏度 0.01%，颜色以极薄晶片为准
Au	王水分解，蒸馏水浸取，加一滴吡啶溴氢酸溶液（1 份容量的吡啶+9 份容量的 40%HBr）	（Cl_5H_5NH）AuBr，黄、橙、褐、红多色性的柱状晶体（在浓溶液中），或褐色羽毛状、树叶状晶体（在稀溶液中）	灵敏度 0.02%（$AuCl_3$）
Ag	1:1 HNO_3 分解，1%HNO_3 浸取，加一小粒重铬酸铵	$Ag_2Cr_2O_7$，深红色三斜针状晶体	灵敏度 0.5%
Pt	王水中反复分解蒸发，徐徐烘干，用 1:5 HCl 浸取，加一滴 KCl 水溶液	K_2PtCl_6，橙黄色八面体细小晶体	
W	Na_2CO_3+KNO_3 熔球（显蓝绿色时含锰）分解，用 1:5 HCl 浸取，加 $SnCl_2$ 的盐酸溶液（或加锌粒或锡粒产生氢气）	WO_2+WO_3，悬浮液呈蓝色	灵敏度 0.02%
Sn	硫化物用 1:1、HNO_3 分解，锡石用 Na_2CO_3 熔珠分解，用 1:5 HCl 浸取，加 CsCl 一小粒	Cs_2SnCl_4，无色、高折光率八面体晶体	灵敏度 0.02%
Mo	用王水或 3Na_2CO_3+KNO_3 熔球分解，溶于水中，移液后蒸干： （1）用 1:5 HCl 浸取，加 2 滴 10%KCNS； （2）用 1:1 HCl 浸取，加小粒黄原酸钾	（1）黄色、橙黄色至红色溶液； （2）$MoO_3[SC(SH)(OC_2H_5)]_2$，粉红色至紫色沉淀	灵敏度：溶液中含 Mo 0.003mg

续表 5-3

元素	方法	产物	附注
Ca	用 1∶1 HNO，或 Na_2CO_3 熔珠分解，蒸馏水浸取，加一滴 1∶3 H_2SO_4	$CaSO_4 \cdot 2H_2O$，无色针状、束状晶体（斜消光），可发展成长柱状和片状晶体	
S	用王水或 1∶1 HNO_3 分解至近干，用蒸馏水浸取，加一小粒醋酸钙	$CaSO_4 \cdot 2H_2O$，无色针状、束状晶体（斜消光），可发展成长柱状和片状晶体	灵敏度：溶液中含 H_2SO_4 0.15%
As	用王水或 1∶1 HNO_3 分解，用 1∶7 HNO_3 浸取，蒸发近干时加一滴 1.5%钼酸铵的 1∶7 HNO_3 溶液，缓热近干，再加一滴 1.5%钼酸铵的 1∶7 HNO_3 溶液	$(NH_4)_3AsO_4 \cdot 12MoO_3$，黄色细小八面体、三八面体晶体，有时具尖晶石式双晶或小十字晶	灵敏度 0.01%，磷也可用此法试验，不需加热，在冷液中即有磷钼酸铵的黄色粒状、球状、立方体、圆形八面体晶体析出
Se	1∶1 HNO_3 分解，以 1∶5 HCl 浸取干渣，若干渣内有红色污染，即表示有元素硒存在，溶液中则有 H_2SeO_3 存在，移液加 2% $SnCl_2$ 的 1∶5 HCl 溶液	Se，砖红色无定型沉淀	灵敏度 0.05%
Te	1∶1 HNO_3 分解，以 1∶5 HCl 浸取，加一小粒 CsCl	Cs_2TeCl_6，柠檬黄色八面体（浓度较大时）或六方板状和三角形晶体（浓度较低时）	分解时须小火微热，灵敏度 0.02%

5.2.2 重金属精矿取样制备

重金属精矿一般是经过选矿厂出来的浮选产物，颗粒较细，含水量一般为8%~10%，制备的试样通常分析水含量及铜、铅、锌、硫、硅、金、银等元素。本节重金属精矿以铜、铅、锌为代表。为满足分析检测和价值量计算需要，对批料和抽样量有一定的要求，见表 5-4。

表 5-4 重金属精矿批料和最小抽样个数

矿样	品位变化		不同批料大小 m(t)下的最小抽样个数/个				
	状况	质量分数 w/%	$m \leqslant 5$	$5 < m \leqslant 20$	$20 < m \leqslant 50$	$50 < m \leqslant 150$	$150 < m \leqslant 500$
粗铜矿	小	$w \leqslant 0.3$	5	5	10	10	20
	中	$0.3 < w \leqslant 1.0$	5	10	20	40	60
	大	$w > 1.0$	5	20	70	100	200

续表 5-4

矿样	品位变化		不同批种大小 m(t)下的最小抽样个数/个				
	状况	质量分数 w/%	$m\leqslant5$	$5<m\leqslant20$	$20<m\leqslant50$	$50<m\leqslant150$	$150<m\leqslant500$
铜精矿	小	$w\leqslant0.3$	5	5	10	10	20
	中	$0.2<w\leqslant0.5$	5	5	10	15	20
	大	$w>0.5$	5	5	10	30	45
粗铅矿	小	$w\leqslant0.3$	5	5	10	10	20
	中	$0.3<w\leqslant1.0$	5	5	10	10	20
	大	$w>1.0$	5	5	10	15	40
铅精矿	小	$w\leqslant0.2$	5	5	10	10	20
	中	$0.2<w\leqslant0.5$	5	5	10	10	20
	大	$w>0.5$	5	5	10	10	20
粗锌矿	小	$w\leqslant0.3$	5	5	10	10	20
	中	$0.3<w\leqslant1.0$	5	5	10	10	20
	大	$w>1.0$	5	5	10	15	20
锌精矿	小	$w\leqslant0.2$	5	5	10	10	20
	中	$0.2<w\leqslant0.5$	5	5	10	10	20
	大	$w>0.5$	5	5	10	10	20

对于精矿采集后的试样在检测前需要进行试样的制备。主要流程有测定水分试样制备—缩分—分析测试样品的制备。将抽样的样品经过缩分处理成为具有代表性的样品（两个样，每个 1.5kg），置于 105℃ 左右的温度下干燥，约 4h 后，称量，计算水分含量。可以用抽样缩分法将样品经过干燥和研磨制备成可以送检的样品。将粒度小于 0.15mm 以下的样品制成每个样品 200g 的分析样品 4 份，装入密闭性好的包装容器内，记录批样、编号等需要说明。

5.2.3 金矿石的取样制备

金矿石大多是自然金包裹于石英岩矿石中，金含量成分变化很大，这对分析带来很大的困难。特别是金颗粒比较大的矿石，金粒不能被粉碎机破碎。因而，金矿石取样、缩分的精密度很低，分析检测的结果可能产生较大误差。

为了取样精度和确保制备样品具有一定的代表性，抽样数和金矿石的关系见表 5-5。

表 5-5 最小抽样数和金矿石的关系

矿种	品位变化		不同批料大小 m(t)下的最小抽样数/个			
	状况	w/g·t^{-1}	$m\leqslant5$	$5<m\leqslant20$	$20<m\leqslant40$	$40<m\leqslant100$
粗金矿	小	$w\leqslant1$	5	5	10	10
	中	$1<w\leqslant5$	5	15	35	60
	大	$5<w\leqslant10$	10	30	60	60
	特大	$w>10$	10	30	60	60
金精矿	小	$w\leqslant1$	5	5	10	10
	中	$1<w\leqslant5$	5	10	15	20
	大	$5<w\leqslant10$	5	30	60	60
	特大	$w>10$	10	30	60	60

将金矿石的车厢矿石表面分成棋盘网格，分别随机抽选出表 5-5 所需的样本；同时，注意从不同部位取样，表面、中间和底部均有一定数量的样本。分析送检的样品要经过水分试样制备—缩分—分析测试样品的制备三个步骤。

5.3 气体样品的制备

气体样品主要是为了分析气体中的重金属含量、有机物（气溶胶）或者粉尘。采样和样品制备工作对气体样品的分析尤为关键。

5.3.1 空气中痕量有机物的采集及制备

在实验室中清洗、浸泡 Nucl-epere 滤膜，将该滤膜装在探头上，用 KB-120 采样器采样，采样流量为 120L/min，在不同地点采集空气中的气溶胶。每个样品采集 10h 以上，记录采集样品的条件情况。试样连同滤膜一起在小于 50℃ 温度下烘干，称重，用聚四氟乙烯瓶密封保存。

5.3.2 大气中重金属含量的采集及制备

采样过程：用整齐干净的聚氯乙烯作载体采样，用 KB-120 采样器采样。采样流量为 120L/min，采样体积不少于 4m^3，采样时间连续 12 天，每天采样一次，每次 6~7h，共采集 12 个样品。

样品的制备：分为干法和湿法。

对于铅尘的采样需要大气采样器，将微化滤膜放入采样夹中，在各个采样夹中以 50~150L/min 的流量采样 20~40m^3，记录采样时的温度、压力等情况。

对于铅烟尘的采样需要用烟尘测量仪，用超细玻璃纤维无胶滤筒以 20L/min

的流量对铅烟尘排烟道采样 20~30min。当烟尘温度高于 400℃时，铅呈气态，应该将烟尘导出管道外；温度低于 400℃后，用采样头采集样品。当烟尘温度低于 400℃时可以在排烟道中直接采样。

5.4 水样的采集及制备

水样的采集和保存对分析结果的准确性影响很大，尤其是环保样品分析检测水样中微量元素时，所用容器的污染和吸附以及保存不当都会对分析造成不可弥补的误差。

取样和保存带来的误差主要有：取样器污染；采样容器中残留上次的物体没有清洗干净；没有按照要求进行酸化处理水样，使一些重金属离子吸附在容器壁上或者沉积在容器内表面上造成损失；对于有 Ag 离子的水样，要使用棕色的溶剂瓶中储存。

一般水样的容器选用塑料制品，用聚乙烯、聚苯乙烯、聚四氟乙烯等材料的瓶子或者杯子。使用前用清洗剂洗涤，再用自来水、蒸馏水和去离子水反复清洗数次。为防止采集到的样品发生水解或者吸附，可以用 1%的硝酸。水样保存在冰箱中，保存时间最好不超过 12h。

水样制备可根据分析目的不用而有所区别：已溶解金属的水样、悬浮金属水样、酸可溶金属水样。

已溶解金属的水样是金属基本上以离子态存在于水中，该水样可以用 0.45nm 滤膜过滤水样。滤膜先用 0.5mol/L 的 HCl 浸泡，使用前用去离子水清洗干净。过滤中，前面的 100mL 水样弃去，再采集需要的水样量。将该水样用浓 HNO_3 酸化至 pH≤2。如果水样中有较多的缓冲剂，可以增加酸化的酸量。

悬浮金属水样是部分金属以悬浮物的形式存在于水样中，该水样中金属不能通过 0.45nm 滤膜，可以被 0.45nm 滤膜截留。未酸化的水样用 0.45nm 滤膜过滤，将滤膜和水样一起送检。

酸可溶金属水样是部分金属溶解在水样中，部分没有溶解在水样中，当想分析水样中总金属含量时，需要对这个水样进行处理。先用浓 HNO_3 酸化，再将 100mL 水样加入 5mL HCl，在蒸汽浴中加热 15min。再用 0.45nm 滤膜过滤，将滤膜和水样一起送检。

复习思考题

5-1 水样的采集和储存可能对分析带来的误差来源有哪些？

5-2 铁合金的采样和制样工作中应该注意的问题有哪些？

6 误差及数据处理

冶金试验研究过程中，误差无时无刻围绕着每个阶段。但科研人员对试验研究工作准确性无止境的追求就要求尽可能降低研究中的误差。为得到准确的研究结果，试验中必须分析误差的来源、产生的原因，对数据进行处理使其更接近真实和客观。这些问题都是属于误差及数据处理的范畴。

6.1 误差及其传递

6.1.1 误差的概念

试验中要使用仪器测量得到具体的数据，同时对数据进行分析，数据处理过程中都会有一个测量值和客观真实值之间的差别。这个差别有大有小，但一定存在。换句话说，测量值只可能无限逼近真实值而不可能达到真实值。这一现象就叫误差。表现在数值上就是：

$$误差 = 测量值 - 真实值 \tag{6-1}$$

真实值是客观存在但又未知的，这给准确计算误差带来不便。因此，应通过数据分析和处理，检查试验研究工作中存在的问题，并尽可能使用测量准确的工具，完善研究方法，去除不符合统计规律的试验结果，以使误差值降低到最小。

6.1.2 误差的分类

试验过程中，有很多因素均可带来研究结果的误差：

(1) 试验方法的不同会引起误差大小的变化。如获得高温的方法有辐射加温物体、电磁微波加热、电阻炉加热，这几种方法均可以达到高温加热的目的，但误差会有比较大的差异。

(2) 测量仪器带来误差。如精密性不够、电阻老化、砝码生锈、天平不稳定、电流表没有调零等均会带来误差。

(3) 试验条件不理想带来的误差。不同地理气候环境、忽略假定理想条件变化、现有条件下只能以已经知道的经验数据代替未知量等均会带来误差。

(4) 试验人员的研究素质。误操作、不认真态度导致观察不仔细、不良习惯等带来的误差。

根据误差的性质和产生的原因，可以把误差分为三类：系统误差、随机误差和过失误差。

6.1.2.1　系统误差

试验中由于使用固定的方法、有一定偏差的测量仪器、人员不规范习惯等因素使得得到值按照一定方向性偏离真实值。系统误差可以归纳为某个数或数的变量的函数，系统误差有以下几个特点：

（1）单一性。在固定的试验条件下进行研究，误差呈现固定值或者比例性，不改变试验条件不能消减系统误差。

（2）方向性。得到值与真实值之间的差异偏向一个方向，要不就是全部大于真实值，要不就是全部小于真实值。

（3）可消除性。由于系统误差的产生具有方向性，故可以通过分析找到产生的具体原因。采用改变试验方法、使用准确测量分析工具、精心操作等手段可以消除系统误差。系统误差产生是有根源、规律的，但它不具有抵偿性。因此，不能像随机误差那样可以采用数据处理方法减弱其影响，而只能针对每个不同对象采取相应的具体措施，处理好坏很大程度上取决于测定者的经验、学识和技巧。

6.1.2.2　随机误差

排除系统误差的存在后，多次试验的得到值仍然存在差异性，这种由于各种因素随机变动引起的误差称为随机误差。随机误差有以下特点：

（1）规律性。由于引起随机误差产生的因素的随机性，随机误差是一个变化不定的值。但随机误差服从高斯误差分布规律。

（2）无方向性。试验次数足够多的情况下，可以发现误差值有正、有负，出现的概率几乎相等。

（3）不可消除性。由于随机误差产生的因素不可控制和预先性很差，不能消除随机误差。增加试验次数只可能减小随机误差值。

6.1.2.3　过失误差

由于试验人员的粗心大意引起的误差。比如读错数据、记录失误、计算过程差错等人为因素引起的误差。

6.1.3　误差的表示

在冶金试验研究过程中，可以将误差表示为绝对误差、相对误差、标准误差、或然误差、范围误差。

6.1.3.1　绝对误差

测量得到值同真实值之间的差，即式（6-1）中所表示的结果。但由于真实值无法获取，因此绝对误差就没有办法计算。试验研究中通常这样处理：以最大绝对误差为基准，测定得到值的绝对误差不可能超过最大绝对误差。最大绝对误差表示为τ，绝对误差表示为ε，那么$\varepsilon \leqslant \tau$。在一定范围（$x_1$，$x_2$）内，就可以近似表示测量得到值：

$$x = \frac{x_1 + x_2}{2},\ \tau = \frac{x_2 - x_1}{2} \tag{6-2}$$

【例 6-1】 已知某矿石浸出率介于94%~98%之间，试计算该结果的准确度。

解： 浸出率：

$$\eta = \frac{94\% + 98\%}{2} = 96\%$$

该真实浸出率 η 的最大绝对误差为：

$$\tau = \frac{98\% - 94\%}{2} = 2\%$$

可以近似写成：

$$\eta = 96\% \pm 2\%$$

说明此浸出率可以准确到2%。

6.1.3.2 相对误差

绝对误差的大小不能反映测量得到值的准确性问题。比如称量100g物体时绝对误差为1g，称量1000g物体时绝对误差为1g，从数量上直接看，后面的和前面的绝对误差一样大，但相对于被称量物体的质量来说，后面的要比前面的测量得到值准确得多。这就要引入一个相对误差，可表示为：

$$相对误差 = \frac{绝对误差}{真实值} \times 100\% \tag{6-3}$$

6.1.3.3 标准误差

通常情况下以 σ 表示标准误差，对多次试验研究结果得到值进行平均，就得到平均值 $\bar{x}$。在试验次数足够多的情况下，排除系统误差，平均值消减了随机误差，可以近似作为真实值，这就是平均值意义所在。

$$\bar{x} = \frac{x_1 + x_2 + x_3 + \cdots + x_n}{n} \tag{6-4}$$

式中 n——测量次数。

但平均值计算过程中有可能随机误差正负抵消，不能准确说明到底测量得到值偏离真实值有多大，或者说数据的准确性有多高。这就需要引入标准误差，即将偏差平方处理后加和就能反映出数据误差大小，也称为标准差或者均方误差。现代冶金试验研究多采用此方法来说明测量得到值的精密度好坏，其计算公式为：

$$\sigma = \sqrt{\frac{\sum_{i=1}^{n} (x_i - \bar{x})^2}{n - 1}} \tag{6-5}$$

式中 x_i——第 i 次测量得到值；

$\bar{x}$——n 次测量平均值；

n——测量次数。

6.1.3.4 或然误差

或然误差又称概差，通常以 θ 表示。测量得到的一组测量数据，不计正负号，误差大于 θ 的测量值和误差小于 θ 的测量值数量各占一半，也就是说，所有测量值其误差落在 $+\theta$ 与 $-\theta$ 之间的概率为50%。

$$\theta = 0.675\sqrt{\frac{\sum_{i=1}^{n}(x_i - \bar{x})^2}{n-1}} = 0.675\sigma \tag{6-6}$$

6.1.3.5 范围误差

范围误差（Range error）又称极差，通常以 R 表示，为测量得到值最大值与最小值之间的差，用此表明误差变化的范围。其计算公式为：

$$R = \lambda\sigma \tag{6-7}$$

式中 λ——同测量次数 n 有关的统计因子；

σ——标准误差。

λ 同测量次数 n 之间的关系见表6-1。

表6-1 极差误差统计因子

测量次数 n	λ 值	测量次数 n	λ 值
2	1.128	9	2.970
3	1.693	10	3.078
4	2.059	11	3.173
5	2.326	12	3.250
6	2.534	13	3.336
7	2.704	14	3.407
8	2.847	15	3.472

6.1.4 准确度与精密度

准确度反映测量得到值同真实值符合的程度，准确度越高说明测量得到值越靠近真实值。精密度反映测量得到值的重复性，即数据的集中性，精密度高说明数据比较集中，重现性好。如图6-1所示，A的准确度和精密度都很好，B的精密度很好但准确度不好，C的准确度好但精密度不好，D的精密度和准确度都不好。

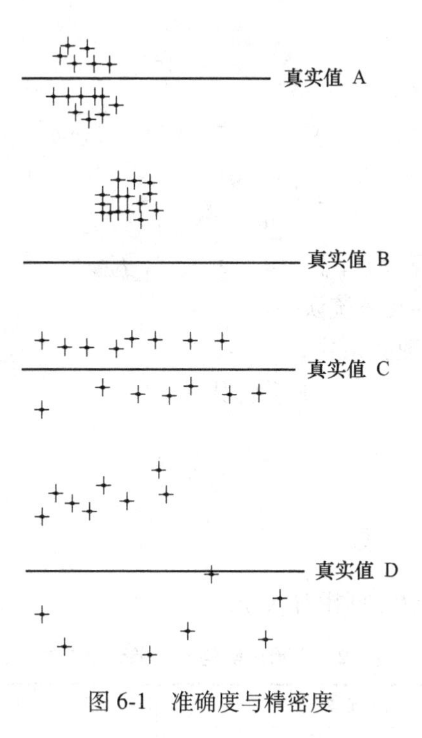

图 6-1 准确度与精密度

6.1.5 误差的传递

实际试验研究中，一部分得到值是直接测量得到，另一部分得到值是通过公式计算得到。而在公式计算中，每个变量因子在直接测量中都可能存在误差，最终计算得到值的误差大小就必须先知道误差如何传递。例如：长方形面积 $S = a_{长}b_{宽}$，a 和 b 可以直接测量得到，S 通过计算得到，而测量中 a 和 b 都有误差，那么 S 的误差是多少呢？这个问题的答案需要本节误差的传递知识来解答。

6.1.5.1 系统误差的传递

首先判断得到值存在不存在系统误差，可以用 t 检验进行。计算 t 值，再在 t 分布表中查出 $t(0.95, f)$ 的值，比较计算 t 和表中 $t(0.95, f)$ 的大小，如果 $t > t(0.95, f)$，则认为测量得到值存在系统误差。这里需要说明这一方法只能判断恒定的系统误差，如仪器或者试验方法存在误差，为了确定是否存在误差，可以用高一级的精度仪器或者实验条件更好的结果进行验证。

【例 6-2】 某线路用标准电阻 200.0Ω 进行 10 次测量，结果分别为：200.8Ω，199.4Ω，200.5Ω，200.0Ω，199.0Ω，199.2Ω，200.6Ω，200.3Ω，199.2Ω，200.1Ω。分析测量线路中电阻是否存在系统误差。

解：

$$\bar{x} = \frac{1}{10}\sum_{i=1}^{10} x_i = 199.91$$

$$\sigma = \sqrt{\frac{\sum_{i=1}^{10}(x_i - \bar{x})^2}{10-1}} = 0.67$$

$$t = \frac{|\bar{x} - \nu|}{\sigma}\sqrt{n} = 4.32$$

查 t 分布表（见附表 5），$f = 10-1 = 9$ 时，$t_{95\%} = 2.3$，计算得到的 $t = 4.32 > t_{95\%}$，可以认定该方法存在系统误差。

设测量值之间的函数关系式为：$S = f(x_1, x_2, x_3, \cdots, x_n)$，其中自变量 $x_1, x_2, x_3, \cdots, x_n$ 之间相互独立。则系统误差 ε 为：

$$\varepsilon = \sum_{i=1}^{n}\frac{\partial S}{\partial x_i}\varepsilon_i \tag{6-8}$$

式中 $\frac{\partial S}{\partial x_i}$ ——误差传递系数。

可用表 6-2 常用函数计算相对误差。

表 6-2 常用函数相对误差计算公式

序号	函数关系	相对误差计算公式
1	$S = x_1 + x_2$	$E_s = \frac{\varepsilon_1 + \varepsilon_2}{x_1 + x_2}$
2	$S = x_1 - x_2$	$E_s = \frac{\varepsilon_1 + \varepsilon_2}{x_1 - x_2}$
3	$S = \frac{ax_1x_2}{x_3}$	$E_s = \frac{\varepsilon_1}{x_1} + \frac{\varepsilon_2}{x_2} - \frac{\varepsilon_3}{x_3}$
4	$S = \frac{x_1^a x_2^b}{x_3^c}$	$E_s = a\frac{\varepsilon_1}{x_1} + b\frac{\varepsilon_2}{x_2} - c\frac{\varepsilon_3}{x_3}$
5	$S = e^{ax_1}$	$E_s = a\varepsilon_1$
6	$S = a^{bx_1}$	$E_s = b\ln a\varepsilon_1$
7	$S = \lg x$	$E_s = 0.4343\frac{\varepsilon_x}{x}$
8	$S = \sin x$	$E_s = \operatorname{ctan}x\varepsilon_x$

注：表中 a、b、c 均为常数。

6.1.5.2 随机误差的传递

前面提到过，随机误差具有符合正态分布的规律性。研究随机误差的传递主要是研究标准差的传递。

$S = f(x_1, x_2, x_3, \cdots, x_n)$，其中自变量 $x_1, x_2, x_3, \cdots, x_n$ 之间相互独立。那么绝对标准差 σ_s 的传递公式为：

$$\sigma_s^2 = \left(\frac{\partial f}{\partial x_1}\right)^2 \sigma_{x_1}^2 + \left(\frac{\partial f}{\partial x_2}\right)^2 \sigma_{x_2}^2 + \cdots + \left(\frac{\partial f}{\partial x_n}\right)^2 \sigma_{x_n}^2 \tag{6-9}$$

则

$$\sigma_s = \sqrt{\left(\frac{\partial f}{\partial x_1}\right)^2 \sigma_{x_1}^2 + \left(\frac{\partial f}{\partial x_2}\right)^2 \sigma_{x_2}^2 + \cdots + \left(\frac{\partial f}{\partial x_n}\right)^2 \sigma_{x_n}^2} \tag{6-10}$$

常用函数标准误差及相对标准误差计算公式见表 6-3。

表 6-3 常用函数标准误差及相对标准误差计算公式

序号	函数关系	标准误差计算公式	相对标准误差计算公式
1	$S = x_1 + x_2$	$\sigma_s = \sqrt{\sigma_{x_1}^2 + \sigma_{x_2}^2}$	$\frac{\sigma_s}{S} = \frac{\sqrt{\sigma_{x_1}^2 + \sigma_{x_2}^2}}{x_1 + x_2}$
2	$S = x_1 - x_2$	$\sigma_s = \sqrt{\sigma_{x_1}^2 + \sigma_{x_2}^2}$	$\frac{\sigma_s}{S} = \frac{\sqrt{\sigma_{x_1}^2 + \sigma_{x_2}^2}}{x_1 - x_2}$
3	$S = x_1 x_2$	$\sigma_s = \sqrt{x_2\sigma_{x_1}^2 + x_1\sigma_{x_2}^2}$	$\frac{\sigma_s}{S} = \frac{\sqrt{x_2^2\sigma_{x_1}^2 + x_1^2\sigma_{x_2}^2}}{x_1 x_2}$
4	$S = \frac{x_1}{x_2}$	$\sigma_s = \frac{\sqrt{x_2^2\sigma_{x_1}^2 + x_1^2\sigma_{x_2}^2}}{x_2^2}$	$\frac{\sigma_s}{S} = \frac{\sqrt{x_2^2\sigma_{x_1}^2 + x_1^2\sigma_{x_2}^2}}{x_1 x_2}$
5	$S = x^n$	$\sigma_s = nx^{n-1}\sigma_x$	$\frac{\sigma_s}{S} = \frac{n\sigma_x}{x}$
6	$S = \sin x$	$\sigma_s = \sqrt{\cos^2 x \cdot \sigma_x^2}$	$\frac{\sigma_s}{S} = \frac{\sqrt{\cos^2 x \cdot \sigma_x^2}}{\sin x}$

【例 6-3】 测定某电路中电流值和电阻值，其中电流值为 $I = (12.86 \pm 0.08)$A，电阻值为 $R = (4.52 \pm 0.12)\Omega$，求此电路的电压值和相对标准误差大小。

解： $U = IR = 12.86 \times 4.52 = 58.13$V

$$\frac{\sigma_U}{U} = \frac{\sqrt{R^2\sigma_I^2 + I^2\sigma_R^2}}{IR} = \frac{\sqrt{4.52^2 \times 0.08^2 + 12.86^2 \times 0.12^2}}{12.86 \times 4.52} = 0.0274$$

6.1.6 随机误差的分布及概率

系统误差可以通过检验确定是否存在，再进行排除。但随机误差具有不可消除性，尤其是多次测量得到值的最后估计数值上有较大差异，测量得到值均不尽相同。由于随机误差的不可消除性，只能采用数据处理的方法来减弱它对测定结果造成的影响。

研究证明，随机误差有 4 个基本特征：第一是对称性，样本足够多时，误差绝对值相等，出现的概率相等；第二是有界性，不论样本多少，在一定测定条件下误差的绝对值不会超过一个限度；第三是单峰性，误差的绝对值越小出现的概率越大，误差的绝对值越大出现的概率越小，概率密度分布曲线上只有一个最高点；第四是抵偿性，在一定测量条件下，当样本无限扩大，误差的统计平均值趋近于零。当测量次数足够多，测量得到值样本数足够多的情况下，高斯经过研究发现随机误差分布服从正态分布规律。但实际试验研究中，有限的测量得到值的误差在给定的误差范围内的概率有多大？或者说有多大把握确定测量得到值的误差可以在给定的误差范围内？这些问题需要掌握随机误差的正态分布及概差。

正态分布（normal distribution）函数描述为：

$$f(x)=\frac{1}{\sqrt{2\pi}\sigma}\mathrm{e}^{-\frac{(x-\mu)^2}{2\sigma^2}} \tag{6-11}$$

式中 x——自变量；

μ——平均值；

σ——标准差。

试验研究过程中测量得到值的随机误差符合高斯正态分布（见图 6-2）。令误差 $\varepsilon=x-\mu$，则：

$$f(\varepsilon)=\frac{1}{\sqrt{2\pi}\sigma}\mathrm{e}^{-\frac{\varepsilon^2}{2\sigma^2}} \tag{6-12}$$

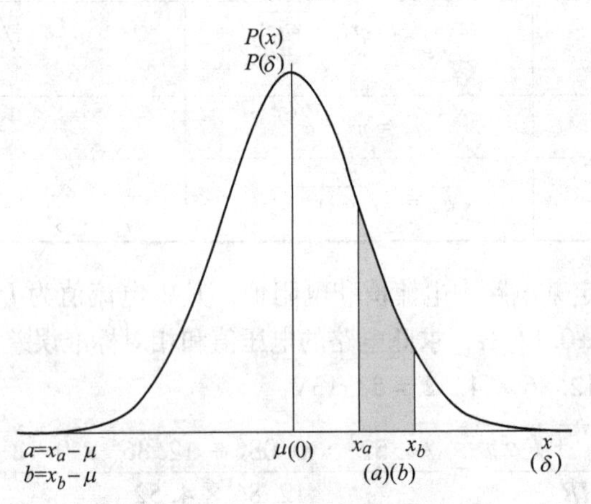

图 6-2 正态分布图

在上面式中，当 $x=\mu$ 时，曲线有最高点$\frac{1}{\sqrt{2\pi}\sigma}$，说明平均值出现的概率最高。

从图 6-3 中可以看出，σ 值越大，曲线越平，意味着测定数据越分散，精密度越差。而 σ 值越小，曲线越陡峭，意味着测定数据越集中，精密度越高。

任一测定值 x 出现在区间 $[x_a, x_b]$ 内的概率，即误差 ε 值出现在区间 $[a, b]$ 内的概率为：

$$P\{x_a<x\leqslant x_b\}=\int_{x_a}^{x_b}P(x)\mathrm{d}x=P\{a<\varepsilon\leqslant b\}=\int_a^b P(\varepsilon)\mathrm{d}\varepsilon \tag{6-13}$$

此即图 6-2 中阴影部分的面积。

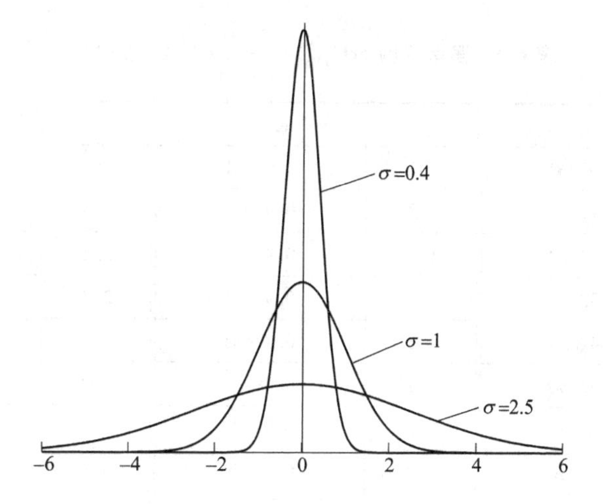

图 6-3 不同 σ 的三条正态分布曲线

而误差取对称区间 $[-a, a]$ 上的值的概率为：

$$P\{-a < \varepsilon \leqslant a\} = P\{|\varepsilon| \leqslant a\} = \int_{-a}^{a} P(\varepsilon)\mathrm{d}\varepsilon = 2\int_{0}^{a} P(\varepsilon)\mathrm{d}\varepsilon \tag{6-14}$$

又因为误差 ε 在某一区间出现的概率与标准误差 σ 的大小密切相关，故常把误差区间取为 σ 的若干倍，即 $a=k\sigma$。所以，上式可表示为

$$P\{|\varepsilon| \leqslant a\} = P\{|\varepsilon| \leqslant k\sigma\} = P\left\{\left|\frac{\varepsilon}{\sigma}\right| \leqslant k\right\} = 2\int_{0}^{k} \frac{1}{\sqrt{2\pi}} \mathrm{e}^{-\frac{\varepsilon^2}{2\sigma^2}} \mathrm{d}\left(\frac{\varepsilon}{\sigma}\right)$$

令 $\dfrac{\varepsilon}{\sqrt{2}\sigma} = \dfrac{k}{\sqrt{2}} = \mu$，则

$$P\{|\varepsilon| \leqslant k\sigma\} = \frac{2}{\sqrt{\pi}}\int_{0}^{\mu} \mathrm{e}^{-\mu^2}\mathrm{d}\mu = \mathrm{erf}(\mu) \tag{6-15}$$

式中 $\mathrm{erf}(\mu)$——误差函数或者概率积分。该值可查表 6-4 获得。

在计算误差函数值时，要用到数值分析中的线性插值方法。该方法详情见 6.3.2.1 节。

求 $P\{|\varepsilon| \leqslant \sigma\}$ 的值时，$k=1$，$\mu = \dfrac{1}{\sqrt{2}} \approx 0.7071$，从表 6-4 中可以得到 $\mathrm{erf}(0.7) = 0.6778$，$\mathrm{erf}(0.8) = 0.7421$，则

$$\frac{\mathrm{erf}(\mu) - \mathrm{erf}(0.7)}{0.7071 - 0.7} = \frac{\mathrm{erf}(0.8) - \mathrm{erf}(0.7)}{0.8 - 0.7}$$

$$\mathrm{erf}(\mu) = 0.6824$$

表 6-4 误差函数 $erf(\mu)=\frac{2}{\sqrt{\pi}}\int_0^{\mu} e^{-\mu^2}d\mu$ 数据表

μ	erf(μ)	μ	erf(μ)	μ	erf(μ)
0.0	0.00000	1.2	0.91031	2.4	0.99931
0.1	0.11246	1.3	0.93041	2.5	0.99959
0.2	0.22270	1.4	0.95229	2.6	0.99976
0.3	0.32863	1.5	0.96611	2.7	0.99987
0.4	0.42839	1.6	0.97635	2.8	0.99992
0.5	0.52050	1.7	0.98379	2.9	0.99996
0.6	0.60386	1.8	0.98909	3.0	0.99998
0.7	0.67780	1.9	0.99279	3.5	$1-7411\times10^{-10}$
0.8	0.74210	2.0	0.99532	4.0	$1-1522\times10^{-11}$
0.9	0.79691	2.1	0.99702	4.5	$1-197\times10^{-12}$
1.0	0.84270	2.2	0.99814		
1.1	0.88021	2.3	0.99886		

$P\{|\varepsilon|>\sigma\}=1-0.6824\approx\frac{1}{3}$，该数据说明每三次测定中可能有一次 $|\varepsilon|>\sigma$。

【例 6-4】 对某值进行 6 次测定，得到一组测定值为 59.09、59.17、59.27、59.13、59.10、59.14。求这些值落在区间（59.10，59.25）的概率以及 95%的测定值落入的区间。

解：（1）$\bar{x}=\frac{\sum_{i=1}^{6}x_i}{n}=\frac{59.09+59.17+59.27+59.13+59.10+59.14}{6}$

$=59.15$

$$\sigma=\sqrt{\frac{\sum_{i=1}^{6}(x_i-\bar{x})^2}{6-1}}=0.0654$$

计算落在区间（59.10，59.25）的概率：

$$\mu_1=\frac{|\varepsilon_2-\bar{x}|}{\sqrt{2}\sigma}=\frac{|59.10-59.15|}{\sqrt{2}\times0.0654}=0.5405$$

$$\mu_2=\frac{|\varepsilon_1-\bar{x}|}{\sqrt{2}\sigma}=\frac{59.25-59.15}{\sqrt{2}\times0.0654}=1.081$$

查表得知：erf(0.5) = 0.5205；erf(0.6) = 0.6039；erf(1.0) = 0.8427；

erf(1.1) = 0.8802，则：

$$\frac{\mathrm{erf}(\mu_1) - \mathrm{erf}(0.5)}{0.5405 - 0.5} = \frac{\mathrm{erf}(0.6) - \mathrm{erf}(0.5)}{0.6 - 1.0}$$

$$\frac{\mathrm{erf}(\mu_2) - \mathrm{erf}(1.0)}{1.081 - 1.0} = \frac{\mathrm{erf}(1.1) - \mathrm{erf}(1.0)}{1.1 - 1.0}$$

计算得知：$\mathrm{erf}(\mu_1) = 0.5543$，$\mathrm{erf}(\mu_2) = 0.8735$。

$$P(59.10 < x \leqslant 59.25) = \frac{1}{2}[\mathrm{erf}(\mu_1) + \mathrm{erf}(\mu_2)] = \frac{0.8735 + 0.5543}{2} = 0.7139$$

（2）95%的概率的区间：$\mathrm{erf}(\mu) = 0.95$，查表可知：$\mathrm{erf}(1.4) = 0.9523$，$\mathrm{erf}(1.3) = 0.9340$，则：

$$\frac{\mathrm{erf}(\mu) - \mathrm{erf}(1.4)}{0.9523 - 0.95} = \frac{\mathrm{erf}(1.4) - \mathrm{erf}(1.3)}{1.4 - 1.3}$$

$$\mu = 1.3875$$

$$k = \sqrt{2}\mu = \sqrt{2} \times 1.3875 = 1.96$$

$$\bar{x} \pm k\sigma = 59.15 \pm 1.96 \times 0.0654 = 59.15 \pm 0.13$$

即范围为（59.02，59.28）。

6.1.7　平均值的可靠性

在没有系统误差存在的情况下，对某测定量进行无限多次测定所得的值进行算术平均，则该算术平均值可作为被测对象的真值。而在实际中，由于各种条件所限，一般只能进行有限的几次测定，这就意味着有限次测量的算术平均值并不是真值，它和真值之间有比较大的差距。这就要对平均值的可靠性进行分析。

从数理统计角度分析，有限个测定值只是无限测定值的总体中的随机抽取的一个样本。由于抽取样本是随机的，因此，算术平均值也是一组服从正太分布的随机变量。

以 $\bar{x}$ 表示算术平均值，μ 表示真值，$\varepsilon_{\bar{x}}$ 表示算术平均值的误差，则有：

$$\varepsilon_{\bar{x}} = \bar{x} - \mu$$

对于各个测定值 x_1，x_2，x_3，…，x_n 而言，其误差分别为：

$$\varepsilon_1 = x_1 - \mu,\ \varepsilon_2 = x_2 - \mu,\ \cdots,\ \varepsilon_n = x_n - \mu$$

所以，

$$\sum_{i=1}^{n} \varepsilon_i = \sum_{i=1}^{n} x_i - N\mu$$

$$\frac{1}{N}\sum_{i=1}^{n} \varepsilon_i = \frac{1}{N}\sum_{i=1}^{n} x_i - \mu$$

$$\frac{1}{N}\sum_{i=1}^{n} \varepsilon_i = \bar{x} - \mu = \varepsilon_{\bar{x}} \tag{6-16}$$

式中，N 为测定次数。

这说明测定的平均值的误差等于各个测定值误差的平均值。当 $N\to\infty$时，$\sum_{i=1}^{n}\varepsilon_i\to 0$，平均值的误差 $\varepsilon_{\bar{x}}$ 也趋近于零。此时，平均值等于真值。

当 N 为有限量时，$\sum_{i=1}^{n}\varepsilon_i$ 不为零，平均值 $\bar{x}$ 与真值 μ 之间存在误差 $\varepsilon_{\bar{x}}$。

将 $\varepsilon_{\bar{x}}=\frac{1}{N}\sum_{i=1}^{n}\varepsilon_i$ 公式两端进行平方处理，可以得到：

$$\varepsilon_{\bar{x}}^2=\frac{1}{N^2}\left(\sum_{i=1}^{n}\varepsilon_i\right)^2=\frac{1}{N^2}(\varepsilon_1+\varepsilon_2+\cdots+\varepsilon_n)^2$$

$$=\frac{(\varepsilon_1^2+\varepsilon_2^2+\cdots+\varepsilon_n^2)+(2\varepsilon_1\varepsilon_2+2\varepsilon_2\varepsilon_3+\cdots+2\varepsilon_{n-1}\varepsilon_n)}{N^2}$$

根据误差分布规律，随机误差彼此相互独立。因此，上式中的二倍乘积项代数和为零。即

$$\varepsilon_{\bar{x}}^2=\frac{\sum_{i=1}^{n}\varepsilon_i^2}{N^2}=\frac{\sum_{i=1}^{n}(x_i-\mu)^2}{N^2}$$

$$\varepsilon_{\bar{x}}=\pm\sqrt{\frac{\sum_{i=1}^{n}(x_i-\mu)^2}{N^2}}=\pm\frac{\sigma}{\sqrt{N}} \quad (6\text{-}17)$$

图 6-4 所示为平均值相对误差 $\frac{\varepsilon_{\bar{x}}}{\sigma}$ 与测定次数 N 之间的关系：当 $N<5$ 时，增加测定次数，平均值误差减小很快；当 $5<N<10$ 时，平均值误差减小变慢；当 $N>10$ 时，平均值误差变化不明显。

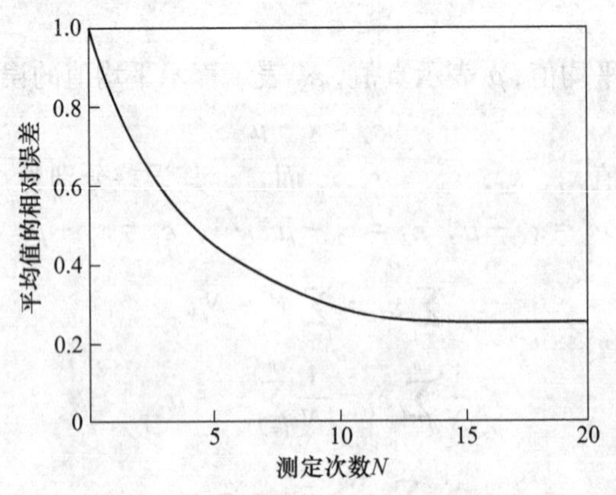

图 6-4　平均值的相对误差同测定次数之间的关系

平均值是测定值中重要的数据，许多计算都会应用到平均值。但平均值可靠性是相对的，因此，平均值不能说明测定的可靠性。为了明确说明平均值的可靠性，在表达中不但应该指出平均值的大小，同时还应该指出置信界限、置信水平和置信区间。例如，分析熔炼炉炉渣中铜含量的报告中：%Cu(95%CL) = 0.5±0.05，表示炉渣中含 Cu 平均值为 0.5，认为有 95%的把握其含 Cu 落在 0.5±0.05 范围内。

以前述小样本的算术平均值 $\bar{x}$ 作为总体的真值 μ，以小样本范围内的 $\sigma^{\wedge}$ 代替真正的 σ，以理论上的正态分布去处理实际问题，其实是不合理的，有时候还甚至得到错误的结论。Gosset 给出了一个能合理处理一般试验数据的方法，提出了一个不包含 σ 的 t 值统计量。t 值定义为：

$$\pm t = \frac{\bar{x} - \mu}{\sigma_{\bar{x}}} = \frac{\bar{x} - \mu}{\sigma^{\wedge} / \sqrt{N}} = \frac{\bar{x} - \mu}{\sigma^{\wedge}} \sqrt{N} \tag{6-18}$$

t 值表示平均值的误差以平均值的标准差为单位来表示的数值，服从 t 分布，详见附表 5。

由式（6-18），可得真值 μ 为：

$$\mu = \bar{x} \pm \frac{t\sigma^{\wedge}}{\sqrt{N}} \tag{6-19}$$

上述公式说明平均值的可靠性。尽管平均值并非真值，但可以期望使平均值落在某一定的区间 $\left(\pm \frac{t\sigma^{\wedge}}{\sqrt{N}}\right)$，在置信水平固定的情况下，测定精密度越高，测定次数越大，置信界限越小，则平均值越精确。

【例 6-5】 对某硫酸铜溶液中的铋含量进行分析，共进行了 5 次分析，数据依次为 1.15、1.12、1.17、1.18、1.15，计算在 95%置信水平下 2 次测定与 5 次测定时数据平均值的置信界限。

解：（1）两次测定时：

$$\bar{x} = \frac{1}{2} \times (1.15 + 1.12) = 1.135$$

$$\sigma^{\wedge} = \sqrt{\frac{0.015^2 + 0.015^2}{2 - 1}} = 0.021$$

$f = 2 - 1 = 1$ 时，查附表 5 得知，$t_{95\%} = 12.71$。

由式（6-19）可得到两次测定平均值的置信界限为：

$$\%\text{Bi}(95\%\text{CL}) = 1.135 \pm \frac{12.71 \times 0.021}{\sqrt{2}} = 1.14 \pm 0.19$$

（2）五次测定时：

$$\bar{x} = \frac{1}{5} \times (1.15 + 1.12 + 1.17 + 1.18 + 1.15) = 1.154$$

$$\sigma^{\wedge} = \sqrt{\frac{0.004^2 + 0.035^2 + 0.016^2 + 0.026^2 + 0.004^2}{5 - 1}} = 0.023$$

$f = 5 - 1 = 4$ 时，查附表 5 得知，$t_{95\%} = 2.78$

$$\%\mathrm{Bi}(95\%\mathrm{CL}) = 1.154 \pm \frac{2.78 \times 0.023}{\sqrt{5}} = 1.15 \pm 0.027$$

5 次测定的置信区间±0.027 比 2 次测定的置信区间±0.19 小，所以 5 次测定平均值的可靠性更高。

6.2 数据的取舍

将一批数据进行分析拟合之前，需要对数据进行取舍。如果数据中混杂一两个或者几个异常的数据，会给后面的正确分析和结论带来很大的影响。由于过失误差引起的严重偏离真实值的数据，就需要通过技术处理手段进行删除。但要慎重对待每个数据，如果将随机误差引起变化的数据随意删去，可能会得到表面上看起来很符合规律和心理预期的结果，但这样缺失了试验研究的严谨性和科学性。

为了将存在过失误差的数据甄别出来，同时又不能将随机误差引起变化的数据排除在系列数据之外，本节介绍三种常用检验方法：肖维涅（Chauvenet）法、格拉布斯（Grubbs）法、t 检验。

6.2.1 肖维涅法

肖维涅法的数据必须大于 5 个，数据之间是相互独立的因子，没有相关性。步骤如下。

第一步，将数据从小到大排列，一般可疑数据不是最大的就是最小的。

第二步，计算平均值、绝对误差的绝对值和或然误差，绝对值的计算是以平均值为真值。

第三步，比较绝对误差的绝对值同 M 倍或然误差之间的大小关系。绝对误差的绝对值大于 M 倍或然误差的值就是可以删去的数据，反之则保留。M 是和测量次数有关的常数，具体见表 6-5。

表 6-5 舍弃可疑数据的 M 值表

测量次数	M 值	测量次数	M 值
5	2.44	12	3.02
6	2.57	14	3.12
7	2.68	16	3.20
8	2.76	18	3.26
9	2.84	20	3.32
10	2.91	22	3.38

【例 6-6】 生石灰烧结中，失重质量结果为 15.36、15.52、15.41、15.58、15.40、15.45、15.39、15.46。试用肖维涅法判断有无可舍弃的测量值。

解：8 个测量数据，从小到大排列为 15.36、15.39、15.40、15.41、15.45、15.46、15.52、15.58。

$$\bar{x} = \frac{\sum_{i=1}^{8} x_i}{n} = \frac{15.36 + 15.39 + 15.40 + 15.41 + 15.45 + 15.46 + 15.52 + 15.58}{8} = 15.45$$

$|\varepsilon|$ 分别为：0.09、0.06、0.05、0.04、0.01、0.07、0.13。

$$\sigma = \sqrt{\frac{\sum_{i=1}^{8} (x_i - \bar{x})^2}{n - 1}} = 0.07$$

$$\theta = 0.675\sigma = 0.675 \times 0.07 = 0.047$$

当 $n=8$ 时，查表 6-5 可知 M 值为 2.76，则

$$M\theta = 0.047 \times 2.76 = 0.12$$

$|\varepsilon| = 0.13 > 0.12$，即原测量值 15.58 应该舍弃，其他数据保留。

6.2.2 格拉布斯法

格拉布斯法也强调数据之间是相互独立的因子，没有相关性。具体步骤如下。

第一步，将数据从小到大排列，一般的可疑数据不是最大的就是最小的。选取一个适当的置信度 α 值。

第二步，计算 T 值：一般将最大的值或者最小的值为先定可疑数据，代入式（6-20）：

$$T = \frac{|\bar{x} - x_m|}{\sigma} \tag{6-20}$$

式中 $\bar{x}$——测量得到值的算术平均值；

x_m——先定可疑的测定得到数据；

σ——测定得到数据的标准误差。

第三步，根据 α 值和测量次数 n 查表得 $T(n,\ \alpha)$，见表 6-6。

表 6-6 $T(n,\ \alpha)$ 表

n	α=5%	α=2.5%	α=1%	n	α=5%	α=2.5%	α=1%
3	1.15	1.15	1.15	20	2.56	2.71	2.88
4	1.46	1.48	1.49	21	2.58	2.73	2.91
5	1.67	1.71	1.75	22	2.60	2.76	2.94
6	1.82	1.89	1.94	23	2.62	2.78	2.96
7	1.94	2.02	2.10	24	2.64	2.80	2.99
8	2.03	2.13	2.22	25	2.66	2.82	3.01
9	2.11	2.21	2.32	30	2.75	2.91	
10	2.18	2.29	2.41	35	2.82	2.98	
11	2.23	2.36	2.48	40	2.87	3.04	
12	2.29	2.41	2.55	45	2.92	3.09	
13	2.33	2.46	2.61	50	2.96	3.13	
14	2.37	2.51	2.66	60	3.03	3.20	
15	2.41	2.55	2.71	70	3.09	3.26	
16	2.44	2.59	2.75	80	3.14	3.31	
17	2.47	2.62	2.79	90	3.18	3.35	
18	2.50	2.65	2.82	100	3.21	3.38	
19	2.53	2.68	2.85				

第四步，比较 T 和表中查到的 $T(n,\ \alpha)$ 的大小，如果 $T \geqslant T(n,\ \alpha)$，说明 x_m 是可疑数据，应剔除；否则，应予以保留。对下一个可疑数据重复以上过程进行逐一排除。

【例 6-7】 稀土浸出试验中，测得 15 次稀土浸出率的数值（%）为：87.5、87.2、87.3、88.0、87.1、86.2、87.5、87.4、87.2、87.6、87.5、87.6、87.2、87.8、87.9，试用格拉布斯判断该数据有无坏值需要剔除。

解：排序：86.2、87.1、87.2、87.2、87.2、87.3、87.4、87.5、87.5、87.5、87.6、87.6、87.8、87.9、88.0。选取 α 值为 1%，有

$$\bar{x} = \frac{\sum_{i=1}^{15} x_i}{15} = 87.4$$

$$\sigma = \sqrt{\frac{\sum_{i=1}^{15}(x_i - \bar{x})^2}{n-1}} = 0.43$$

故第一个数据 86.2 为可疑坏值。

$T = \frac{|86.2 - 87.4|}{0.43} = 2.79$，查表 6-6，有 $T(15, 1\%) = 2.71$，$T > T(15, 1\%)$，即可认定 86.2 数值为坏值，应剔除。其他数据经过检验没有坏值，予以保留。

6.2.3 *t* 检验法

格拉布斯法对坏值剔除方法简单实用，准确性较高。但由于没有将可疑数据排除在外进行检验，有可能坏值在计算平均值和标准差的时候带来比较大的偏差，影响最后的判断。*t* 检验方法是先行将可疑坏值排除在外，再进行检验，故可提高检验的准确性和信服力。具体步骤如下。

第一步，将数据从小到大排列，一般可疑数据不是最大的就是最小的值。将可疑数据排除在外。选取一个适当的置信度 α 值。

第二步，计算 T 值：一般以最大的值或者最小的值为先定可疑数据，代入公式中。注意，计算过程中样本数会发生变化。

$$\bar{x} = \frac{\sum_{i=1}^{n-1} x_i}{n-1},\ \sigma = \sqrt{\frac{\sum_{i=1}^{n-1}(x_i - \bar{x})^2}{n-2}},\ T = \frac{|\bar{x} - x_m|}{\sigma}$$

第三步，根据 α 值和测量次数 n 查表得 $T(n, \alpha)$，计算 $T(n, \alpha) \times \sqrt{\frac{n}{n-1}}$ 的值。

第四步，比较 T 和 $T(n, \alpha) \times \sqrt{\frac{n}{n-1}}$ 的大小，如果 $T \geqslant (n, \alpha) \times \sqrt{\frac{n}{n-1}}$，说明 x_m 是可疑数据，应剔除；否则，应予以保留。对下一个可疑数据重复以上过程进行逐一排除。

【例 6-8】 进行温度测定实验，当温度稳定时，测定 15 次，所得数据（已按大小顺序排列）如下：18.60、19.56、19.70、19.76、19.78、19.87、19.95、19.94、20.10、20.18、20.20、20.39、20.40、20.50、21.01。试采用 *t* 检验判据进行坏值剔除。

解：

（1）先确定 x_1 为可疑值，置信值 α 取 0.05。

（2）计算剔除了可疑值 x_1 之后的相当于样本的平均值 $\bar{x}$ 和标准差 σ：

$$\bar{x}=\frac{\sum_{i=1}^{n-1}x_i}{n-1}=\frac{\sum_{i=1}^{14}x_i}{14}=20.10$$

$$\sigma=\sqrt{\frac{\sum_{i=1}^{n-1}(x_i-\bar{x})^2}{n-2}}=\sqrt{\frac{\sum_{i=1}^{14}(x_i-\bar{x})^2}{13}}=0.39$$

$$T=\frac{|\bar{x}-x_m|}{\sigma}=\frac{20.10-18.60}{0.39}=3.85$$

（3）查表得 $T(14, 0.05)=2.15$，则

$$T(n, \alpha)\times\sqrt{\frac{n}{n-1}}=2.15\times\sqrt{\frac{14}{14-1}}=2.24$$

（4）t 检验：$T>T(n, \alpha)\times\sqrt{\frac{n}{n-1}}$，说明测量得到值 18.60 为坏值，应剔除。

（5）剔除了坏值 x_1 之后，剩余 14 个值，确立最后一个测量得到值 x_{15} 为可疑数据，进一步采用 t 检验方法进行判断。

（6）计算剔除了可疑值 x_{15} 之后的相当于样本的平均值 $\bar{x}$ 和标准差 σ：

$$\bar{x}=\frac{\sum_{i=1}^{n-2}x_i}{n-2}=\frac{\sum_{i=1}^{13}x_i}{13}=20.03$$

$$\sigma=\sqrt{\frac{\sum_{i=1}^{n-2}(x_i-\bar{x})^2}{n-3}}=\sqrt{\frac{\sum_{i=1}^{13}(x_i-\bar{x})^2}{12}}=0.30$$

$$T=\frac{|\bar{x}-x_m|}{\sigma}=\frac{|20.03-21.01|}{0.30}=3.27$$

（7）查表得 $T(0.05, 13)=2.16$，则

$$T(n, \alpha)\times\sqrt{\frac{n}{n-1}}=2.16\times\sqrt{\frac{13}{13-1}}=2.25$$

（8）t 检验：$T>T(n, \alpha)\times\sqrt{\frac{n}{n-1}}$，说明测量得到值 21.03 为坏值，应剔除。

（9）剔除了坏值 x_1 和 x_{15} 之后，剩余 13 个数均为好值，应该予以保留。

6.3 数据分析及拟合

在试验过程中或者试验结束后，需要对试验数据进行分析处理，方便得到有

用的信息和为下一步试验提供正确的思路。在分析处理数据之前要正确表达数据，比如作图，绘制表格、函数关系等。

6.3.1 数据的列表及图示表达

6.3.1.1 列表法

表格可以清楚表述结果和变量之间的关系，在面向对象的操作软件协助下，可以从容处理表格中的数据，筛选、分类、编辑等处理方法在短时间内得到可靠的信息。所以，列表在科技文献和试验中是必不可少的一种数据表达方法。

表格具有形式紧凑、逻辑关系表达清楚、数据便于对照比较等优点。所以，列表时表格应具有规律性、全面性、比较性、规范性。

规律性是指变量需要有一定的规律，这样的表格表达的数据才能得到一个令人信服的结果。比如，树脂吸附饱和容量的测定中，在不同温度下的饱和容量试验，表格中的温度选择应该有规律性，可以选择每次增加10℃：10℃、20℃、30℃、40℃、50℃、60℃。也可以选择每次增加20℃：10℃、30℃、50℃、70℃、90℃、110℃。但不要随意增加10℃或者20℃，10℃、20℃、50℃、60℃、80℃。这样做的结果是结论得不到认可或者受到质疑。

全面性是指变量分布尽可能广泛，尽可能代表全部的可能性。对于局限于一个小范围内的变量得到的试验结果会受到质疑。比如，烧结铝土矿熟料用5% NaOH溶出，温度对溶出率的影响试验。结果见表6-7。

表6-7 温度和溶出率之间的关系

温度/℃	45	50	55	60	65	70	75	80	85
溶出率/%	77	78	79	85	88	89	90	91	93

该表中温度变量具有规律性，但没有全面性。得到的结果让其他人员产生在45℃以下，或者85℃以上有没有令人满意的结果。尤其是在常温25℃时是不是可以得到高于70%溶出率的结果？在95℃时是不是溶出率可以提高到93%以上？

比较性是指为了得到一个准确的试验结果，对变量之间有一定的互补对照。比如在处理某铜精矿中，对矿石粒度影响渣中铜含量试验，选用常规粒度250mm、300mm、200mm。结果见表6-8。

表6-8 粒度同渣含铜之间的关系

粒度/mm	200	250	300
渣含铜/%	0.32	0.41	0.42
	0.34	0.45	0.45
	0.34	0.42	0.46

这样，在250mm±50mm变化，就可以从试验结果中得到有价值的信息，即在考虑磨矿成本和渣含铜小于0.5%即可接受的情况下300mm是合理的粒度。

规范性是指约定成规的一个标准，方便表格的表达和使用。一般情况下，列表应该包含表号、表头、表内数据及文字、说明。下面说明目前列表法一些规范：

(1) 表号及表头。表的数量比较多时需要根据逻辑关系安排表号，方便查找。表头应该简明扼要，准确表达表的主要内容和作用。表头文字应尽量简明，避免使用斜线。表号与标题之间没有标点符号，加一空格，标题后也不加任何标点符号。

(2) 表内数据及文字。同一行数据小数点一致、上下对齐。没有的数据可以用“—”表示。相同的数据不能省略或者用符号表示，要如实填写进表格中。数字过小或者过大可以用科学计数法表示，以10^n统一标在表头中，表内尽量体现数字的差异性。表内数据一定要准确标注单位。文字采用居中方式，可以换行和使用标点符号，但一般不用标点。一个表格尽量不要隔页。在表太长一页不够的情况下，可以续表到下一页，但表头要重复，方便查阅。

(3) 说明。表内无法表达准确的问题可以在表头或者表下面注明。例如，表的使用范围、表中数据的来源、数据得到的条件等。

6.3.1.2 图示法

图示法就是根据列表法中自变量和因变量之间的关系通过绘制图形的表示方法。图示法可以直观形象表示科学问题，能清楚反映数据之间的关系和变化，准确得到规律和特点，透过视觉化的符号更快速地读取原始数据。正因为这些特点，图示法应用极为广泛。过去是在坐标纸或方格纸上手绘，现代则多用电脑软件产生。图示法主要有饼图法、柱形图法和点线图法。现在冶金试验研究中，这三种都有比较多的应用，最常用的应该是点线法。

A 饼图法

饼图法在示意比例关系时使用最多，可以形象清楚地表示大小和所占比例。

【例6-9】 某铁矿石成分见表6-9。

表6-9 铁矿石成分

成分	氧化铁1	氧化铝2	二氧化硅3	氧化钙4	硫化锌5	水分6	其他7
含量/%	55.4	20.8	7.8	5.6	2.4	7.5	0.5

画成饼图如图6-5所示。

B 柱形图法

柱形图在不同时间的两三个变化或者不同条件下的变化方面有独特的优势。

【例6-10】 2008~2016年中国稀土产量与全球稀土产量见表6-10。

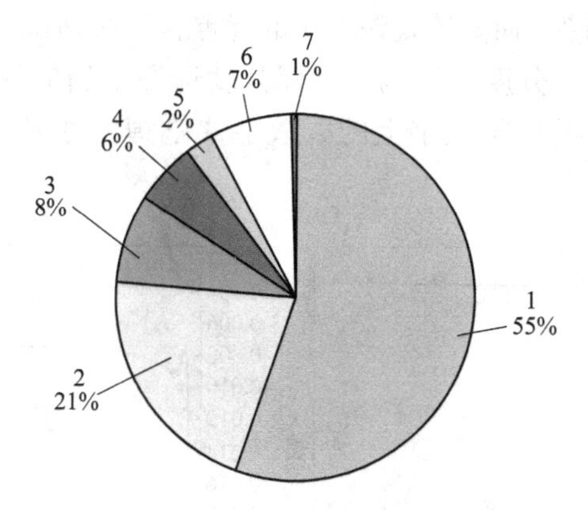

图 6-5 铁矿石成分示意图

表 6-10 2008~2016 年中国稀土产量与全球稀土产量 (万吨)

年份	2008 年	2009 年	2010 年	2011 年	2012 年	2013 年	2014 年	2015 年	2016 年
中国	12.0	12.9	13.0	10.5	10.0	9.5	10.5	10.5	10.5
全球	12.4	13.3	13.3	11.1	11.0	11.0	12.3	13.0	12.6

画成柱形图如图 6-6 所示。

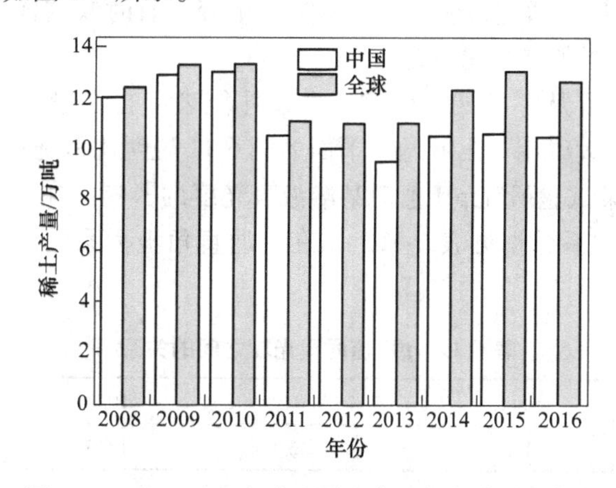

图 6-6 2008~2016 年中国稀土产量与全球稀土产量

数据来源：美国地质调查局（USGS）2009~2017 年发布的“Mineral Commodity Summaries”

图 6-6 直观清楚地表明了 2008~2016 年中国是全球最主要的稀土供应国家。

C 点线图法

点线图是根据自变量和因变量之间的关系在坐标系中确定点，再将这些点用线连接起来说明相互之间的趋势和变化。试验研究和科技论文中大多用此方法说明问题，应用广泛，处理图形手段灵活多变，有说服力。因为这些特点，该方法受到绝大多数人的青睐。而要体现该方法的优点，还必须遵循一定的原则：

（1）正确选择坐标分度和比例。坐标分度选择不当的话就给分析结果带来很大的差异性，比如类似于数字上的大数字“吃掉”小数字的现象，如图 6-7 所示。

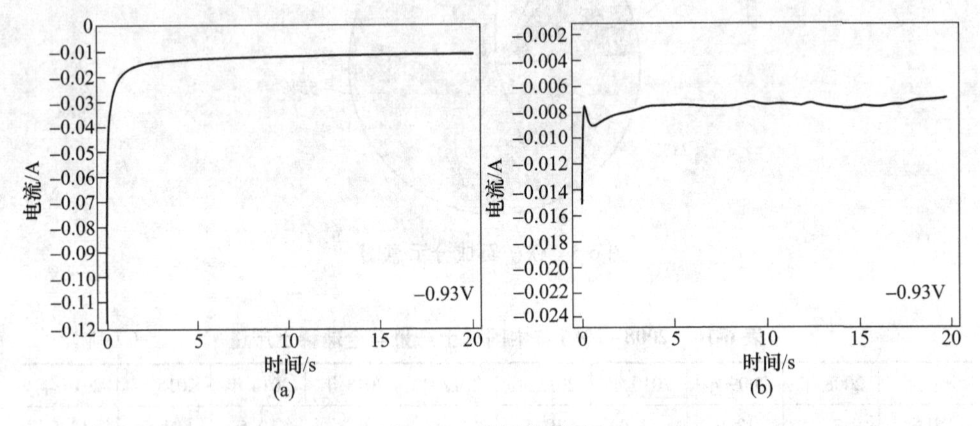

图 6-7　坐标分度图

对比图 6-7（a）和（b），可以看出图（a）比例选择不当，有一个峰被掩盖掉了，而图（b）比例适当，能清楚显示第二个峰。有时候这样的试验结果很重要，对结论有很大的影响或者发现。

坐标系不一定要从零开始，比例要合适才能表明自变量和因变量之间的关系，也可以局部放大说明突出问题。下面的例 6-11 说明比例选择对结果的影响。

【例 6-11】 某试验研究 pH 值对某溶液吸光度的影响。在一定波长下，测得 pH 值与吸光度的关系数据见表 6-11。试在普通直角坐标系中画出两者间的关系曲线。

表 6-11　pH 值同吸光度之间的关系

pH 值	8.0	9.0	10.0	11.0
吸光度	1.34	1.36	1.45	1.36

结果如图 6-8 所示。

（2）坐标轴标记名称和单位，图号应方便查找，图名要简洁明了。

（3）一个图中有多个用于比较的数据时，可以用不用的颜色或者不同的数据符号来加以区别，如图 6-9 所示。

6.3.1.3　函数关系法

用函数表达式可以简单而且清楚描述自变量和因变量之间的关系，尤其是现代冶金试验研究中，得到规律性的关系式可以减少试验的次数，对大规模应用进

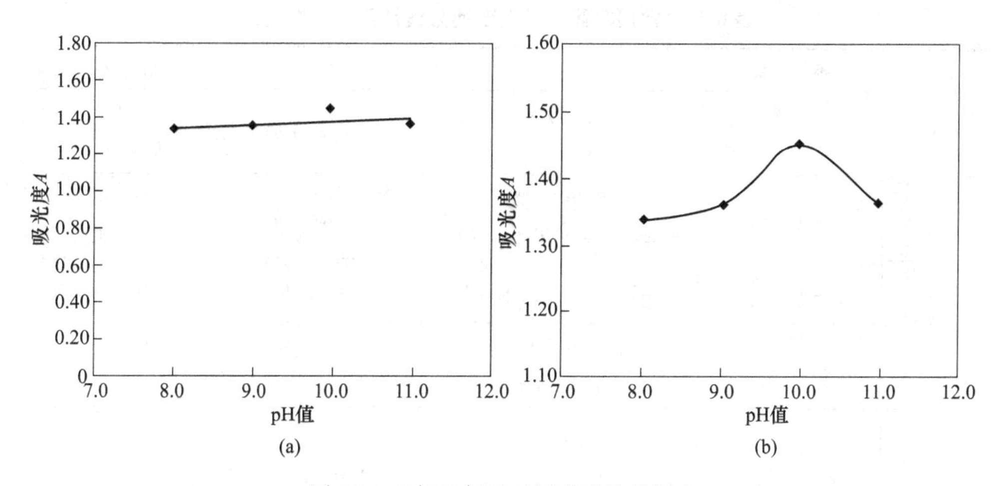

图 6-8 坐标比例尺对图形形状的影响

（a）比例不合适；（b）比例合适

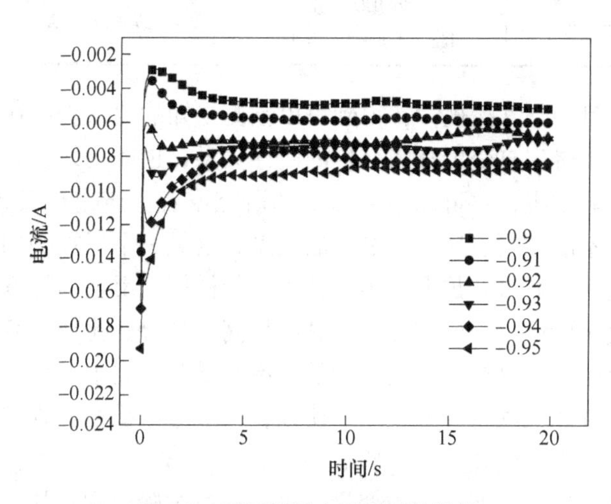

图 6-9 不同符号表示不同的数据

行指导，方便后面研究人员和生产人员的操作。当然，函数关系法也可以结合图示法，更清楚表明自变量和因变量之间的关系和变化趋势。为得到有价值或者严谨的函数关系式，需要应用插值等数值分析的方法，详见 6.3.2 节。由于最直观且能预测趋势的是线性关系，本节主要介绍线性模型的回归问题。

常用的一次线性关系为 $y = f(x) = ax + b$(其中，a 和 b 是常数)。但很多情况下，数据经过模拟后的关系式不是一个线性的关系，要想成为一个线性的关系就需要进行处理和运算。常用的一些非线性关系式转变为线性关系的变换方式见表 6-12。

表 6-12 常用非线性函数变换为线性函数的方式

序号	函数关系	变 换	线性关系	备 注
1	$y = ax^b$	两边取对数 $\lg y = \lg a + b\lg x$	$Y = \lg a + bX$	$Y = \lg y$ $X = \lg x$
2	$y = a(x+b)^2$	两边取对数 $\lg y = \lg a + 2\lg(x+b)$	$Y = \lg a + bX$	$Y = \lg y$ $X = \lg(x+b)$
3	$y = a + \frac{b}{x}$	变为 X 自变量的倒数	$y = a + bX$	
4	$y = ae^{bx}$	两边取自然对数 $\ln y = \ln a + bx$	$Y = \ln a + bx$	$Y = \ln y$
5	$y = \frac{x}{a+bx}$	两边倒数 $\frac{1}{y} = \frac{a}{x} + b$	$Y = aX + b$	$Y = \frac{1}{y}$ $X = \frac{1}{x}$
6	$axy = b$	两边取对数 $\lg a + \lg x + \lg y = \lg b$	$Y = \lg b - \lg a - X$	$Y = \lg y$ $X = \lg x$

试验研究的目的是掌握规律，得到可以预测未知的关系。而在得到试验数据后，最先想到的是得到自变量和因变量的线性关系，也就是线性方程。这样得到的方程是一种经验方程，它可以指导后面的研究或者生产，有很高的实用价值。但得到的方程能不能准确表达两者之间的关系，这是一个很重要的问题。现代冶金试验研究过程中，通过对数据应用计算机进行模拟，反复修订方程同试验数据之间的关系，使试验结果同模拟方程计算结果高度吻合。比如有色冶金过程中冶金动力学方程就是通过这样的方式得到的。冶金试验研究中常用的数学方程可以说明冶金工艺条件和某项指标的关系。所以，一般应用线性方程进行表达。本节主要介绍一元线性方程的建立及检验。

试验研究过程中，自变量和因变量均可以通过试验得到。如果人为将它们确定为一种线性关系，就限定了自变量引起因变量的变化。但这存在一定的误差，具体表现在图形上可以看到，即得到的坐标点和线性方程不是完全重复。本书用最小二乘法评估得到的线性方程的准确性。坐标点到直线的偏差平方和为最小值，这种尽可能靠近坐标点得到线性方程的方法叫最小二乘法。

具体步骤如下：设 x_1，x_2，x_3，x_4，…，x_n 是自变量，得到的试验结果为因变量 y_1，y_2，y_3，y_4，…，y_n，结果用 $y = ax + b$ 一元线性方程表达。计算 $\sum_{i=1}^{n} x_i$、$\sum_{i=1}^{n} y_i$、$\sum_{i=1}^{n} x_i^2$、$\sum_{i=1}^{n} y_i^2$、$\sum_{i=1}^{n} x_i y_i$。

$$a = \frac{\sum_{i=1}^{n} x_i \cdot \sum_{i=1}^{n} y_i - n\sum_{i=1}^{n} x_i y_i}{\left(\sum_{i=1}^{n} x_i\right)^2 - n\sum_{i=1}^{n} x_i^2} \tag{6-21}$$

$$b = \frac{\sum_{i=1}^{n} x_i \cdot \sum_{i=1}^{n} x_i y_i - \sum_{i=1}^{n} y_i \cdot \sum_{i=1}^{n} x_i^2}{\left(\sum_{i=1}^{n} x_i\right)^2 - n\sum_{i=1}^{n} x_i^2} \tag{6-22}$$

得到的一元线性方程线性相关性大小可以通过相关系数 R(correlation coefficient）表示。R 的绝对值越接近于 1，说明相关性越好。R 可由下式计算得到：

$$R = \frac{n\sum_{i=1}^{n} x_i y_i - \sum_{i=1}^{n} x_i \cdot \sum_{i=1}^{n} y_i}{\sqrt{\left[n\sum_{i=1}^{n} x_i^2 - \left(\sum_{i=1}^{n} x_i\right)^2\right]\left[n\sum_{i=1}^{n} y_i^2 - \left(\sum_{i=1}^{n} y_i\right)^2\right]}}$$

相关性由相关系数 R 判断是相对的，可以将计算得到的 R 和不同信度下的临界相关系数 r 做比较，当 $R>r$ 时，线性相关性显著。表 6-13 给出临界 r 值。

表 6-13　临界相关系数表

$f=N-2$	$\alpha=90\%$	$\alpha=95\%$	$\alpha=99\%$	$\alpha=99.9\%$
1	0.988	0.997	0.9998	0.999999
2	0.900	0.950	0.990	0.999
3	0.805	0.878	0.959	0.991
4	0.729	0.811	0.917	0.974
5	0.669	0.755	0.875	0.951
6	0.622	0.707	0.834	0.925
7	0.582	0.666	0.798	0.898
8	0.549	0.632	0.765	0.872
9	0.521	0.602	0.735	0.847
10	0.497	0.576	0.708	0.823

注：f 为自由度，N 为数据个数，α 为置信水平。

也可以通过 F 检验分析回归方程的线性相关性。具体步骤为计算 F 值，同 F 分布中的数值比较，若计算 F 值大于 F 分布的数值，说明该方程线性相关性显著。

$$F = \frac{\omega(n-2)}{\theta}$$

$$\omega = \sum_{i=1}^{n}(y_i - \bar{y})^2$$

$$\theta = \sum_{i=1}^{n}(y_i - \bar{y})^2 - \frac{\sum_{i=1}^{n}(x_i - \bar{x})(y_i - \bar{y})}{\sum(x_i - \bar{x})^2}\sum_{i=1}^{n}(x_i - \bar{x})(y_i - \bar{y})$$

在选定的置信水平α下，当$F > F_{\alpha}(1, n-2)$时，线性回归是适当的，也就是说该线性方程能良好同坐标点吻合。$F_{\alpha}(1, n-2)$可以由附表1~附表4查得。

【例 6-12】 在常压下测定某液体的温度同黏度之间的关系，数据见表6-14。

表 6-14 温度同黏度之间的关系表

温度/℃	30	40	50	60	70	80
黏度/Pa·s	1.5813×10^{-3}	1.3088×10^{-3}	1.1004×10^{-3}	0.9448×10^{-3}	0.8249×10^{-3}	0.7317×10^{-3}

请确定该溶液温度和黏度之间的回归方程并检验其相关性。

解： 由表中数据先作图6-10。

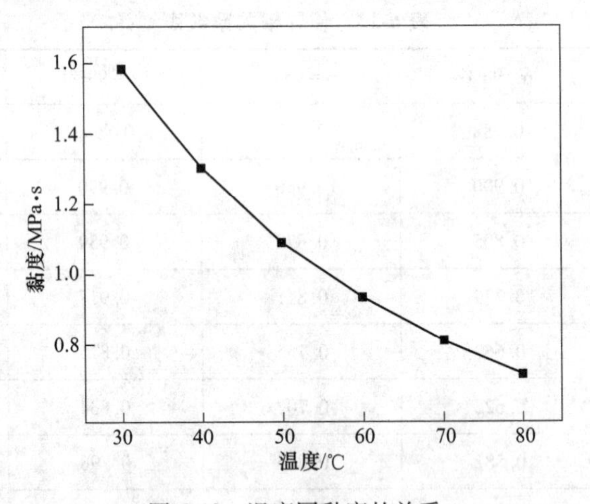

图 6-10 温度同黏度的关系

可以预先确定黏度和温度之间的关系近似指数关系，用下列方程进行回归：

$$\mu = a e^{\frac{b}{T}}$$

式中 μ——黏度；

T——温度，$T = 273 + t$ 。

两边取自然对数得到：

$$\ln\mu = \ln a + b/T$$

$$\ln\mu = \ln a + b/(273 + t)$$

令 $Y=\ln\mu$；$A=\ln a$；$X=1/(273+t)$，则

$$Y = A + bX$$

用前面式（6-21）和式（6-22），计算 A、b 的值，得到 $A=-5.1036$，$b=1683.73$，$a=0.006075$，可以得到回归方程为：

$$\mu = 0.006075\mathrm{e}^{\frac{1683.73}{273+t}}$$

用 F 检验确定回归方程的显著性。

$$F = \frac{\omega(n-2)}{\theta} = 2148.76$$

查表 $F_{0.01}(1,4)=21.20$

$F \gg F_{0.01}(1,4)=21.20$，可以断定坐标点落在回归方程 $y=-5.1036+1683.73x$ 上的概率为99%，说明回归方程同坐标点高度相关。

6.3.2 插值法

试验结果和试验次数都是具体而有限的，但往往实际中需要用有限的数据得到规律性函数关系方便确定未知的关系，这就要用到插值法。在数值分析中，常常用 $y=f(x)$ 来描述一条平面曲线，但实际问题是函数 $y=f(x)$ 是通过试验观测得到的一组数据给出。即在某个区间内给出了一系列的点的关系值：$y_i=f(x_i)(i=0,1,\cdots,n)$，或者是一组关系，见表6-15。

表6-15 变量同测量值之间的关系

x	x_0	x_1	x_2	…	x_n
y	y_0	y_1	y_2	…	y_n

如何通过这些对应关系去找到函数 $f(x)$ 的一个近似表达式呢？用插值法可以解决这个问题。简单地说，插值的目的就是根据给定的数据表，寻找一个解析形式的函数 $\varphi(x)$ 近似地代替 $f(x)$。冶金试验研究过程中最常用的是代数式，所以本节讨论代数插值。本章主要介绍内插法，即两个试验值确定后需要知道这两个点之间某一变量的函数值。

6.3.2.1 线性插值

如果已知函数两个点的坐标，则对于这两个点之间的某个自变量的函数如何确定呢？简单的方法就是过两点（x_0，y_0），（x_1，y_1）把直线方程表示出来：$\varphi(x)=ax+b$，将两点（x_0，y_0），（x_1，y_1）代入方程中，求出 a、b 的值。只要 x_0 不等于 x_1，a 和 b 的值就能得到。如图6-11所示。

从图6-11可知，用直线 $\varphi(x)$ 近似地代替 $f(x)$，在小区间内可以满足计算

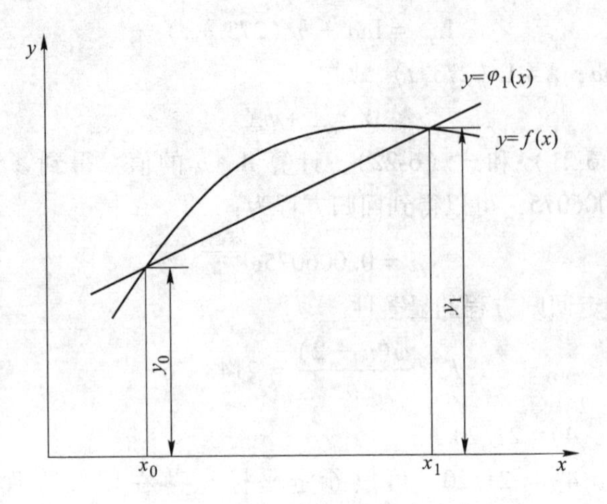

图 6-11 线性方程和函数表达式

要求。由于是用直线近似地代替函数 $f(x)$，因此，这种插值称为线性插值(liner interpolation)。该方法在 6.1.6 中有所应用。

$$\varphi(x) = y_0 + \frac{y_1 - y_0}{x_1 - x_0}(x - x_0) \tag{6-23}$$

【例 6-13】 铝酸钠中二氧化硅的溶解度随温度的变化见表 6-16。

表 6-16 溶解度同温度之间的关系

温度/K	330	380	430	480
溶解度/g·L^{-1}	0.049	0.108	0.168	0.276

求 450K 时，二氧化硅在铝酸钠中的溶解度。

解：根据式（6-23），可以计算出 450K 时二氧化硅的溶解度为：

$$y = 0.168 + \frac{0.276 - 0.168}{480 - 430} \times (450 - 430) = 0.211\text{g/L}$$

6.3.2.2 拉格朗日插值

在节点上函数值都已知的情况下，可以将自变量与这些节点函数表示为：

$$y = y_0\frac{(x-x_1)(x-x_2)\cdots(x-x_n)}{(x_0-x_1)(x_0-x_2)\cdots(x_0-x_n)} + y_1\frac{(x-x_0)(x-x_2)\cdots(x-x_n)}{(x_1-x_0)(x_1-x_2)\cdots(x_1-x_n)} + y_2\frac{(x-x_0)(x-x_1)\cdots(x-x_n)}{(x_2-x_0)(x_2-x_1)\cdots(x_2-x_n)} + \cdots + y_n\frac{(x-x_0)(x-x_1)\cdots(x-x_{n-1})}{(x_n-x_0)(x_n-x_1)\cdots(x_n-x_{n-1})} \tag{6-24}$$

【例 6-14】 侧吹熔池熔炼炉渣含铜与冰铜液面高度之间的关系见表 6-17。

表 6-17 冰铜液面高度与渣含铜之间的关系

冰铜液面/m	0.53	0.70	0.75	0.85
渣含铜/%	0.36	0.44	0.47	0.51

求冰铜液面为 0.65m 时的渣含铜量是多少?

解: 将已知数据代入式(6-24)中求解:

$$y_{0.65} = 0.36 \times \frac{(0.65 - 0.70) \times (0.65 - 0.75) \times (0.65 - 0.85)}{(0.53 - 0.70) \times (0.53 - 0.75) \times (0.53 - 0.85)} +$$
$$0.44 \times \frac{(0.65 - 0.53) \times (0.65 - 0.75) \times (0.65 - 0.85)}{(0.70 - 0.53) \times (0.70 - 0.75) \times (0.70 - 0.85)} +$$
$$0.47 \times \frac{(0.65 - 0.53) \times (0.65 - 0.70) \times (0.65 - 0.85)}{(0.75 - 0.53) \times (0.75 - 0.70) \times (0.75 - 0.85)} +$$
$$0.51 \times \frac{(0.65 - 0.53) \times (0.65 - 0.70) \times (0.65 - 0.75)}{(0.85 - 0.53) \times (0.85 - 0.70) \times (0.85 - 0.75)}$$
$$= 0.41$$

6.3.2.3 牛顿插值

在图 6-11 中如果直线方程用点斜式表示,就应该为下式:

$$\varphi(x) = y_0 + \frac{y_1 - y_0}{x_1 - x_0}(x - x_0) = y_0 + \frac{f(x_1) - f(x_0)}{x_1 - x_0}(x - x_0)$$

由于函数 $f(x)$ 在 x_i、x_j 处的一阶均差是:

$$f(x_i, x_j) = \frac{f(x_i) - f(x_j)}{x_i - x_j}$$

因此,$\varphi(x) = f(x_0) + (x - x_0)f(x_0, x_1)$

扩展到 n 个数值后,方程变为

$$\varphi(x) = f(x_0) + (x - x_0)f(x_0, x_1) + (x - x_0)(x - x_1)f(x_0, x_1, x_2) + \cdots + (x - x_0)(x - x_1)\cdots(x - x_{n-1})f(x_0, x_1, \cdots, x_n)$$

这种形式的插值就称之为牛顿插值。

【例 6-15】 已知 $\mathrm{erf}(\mu)$ 的一些值见表 6-18。

表 6-18 erf(μ) 值

μ	1.02	1.04	1.06	1.08	1.10
$\mathrm{erf}(\mu)$	0.85084	0.85865	0.86614	0.87333	0.88021

试计算 $\mu = 1.047$ 时 $\mathrm{erf}(1.047)$ 的值是多少?

解: 代入上述公式中,用二阶差分求解:

$$\mathrm{erf}(1.047) = 0.85084 + \frac{1.047 - 1.02}{0.02} \times 0.00781 + \frac{1.35 \times 0.35}{2} \times (-0.00032)$$

$$= 0.86132$$

复习思考题

6-1　误差的分类和来源主要有哪些?

6-2　气体流量与压力之间的关系按经验公式可写成：$M = Cp^b$，M 是压力为 p 时每分钟流过某一流量计的空气物质的量，C、b 为常数，经试验后，得到的数据见表 6-19。

表 6-19　p 与 M 的关系

p	2.01	1.78	1.75	1.73	1.68	1.62	1.40	1.36	0.93	0.53
M	0.763	0.715	0.710	0.695	0.698	0.673	0.630	0.612	0.498	0.371

要求定出常数 C、b，建立 M 与 p 的经验公式。

6-3　最小二乘法的原理是什么?

6-4　直接测量长方体各个边长分别为 $a = 125.7$mm，$b = 74.2$mm，$c = 46.8$mm。已知测量的系统误差为 $\Delta a = 2.4$mm，$\Delta b = 0.8$mm，$\Delta c = 1.4$mm，测量的极限误差为 $\varepsilon_a = \pm 0.6$，$\varepsilon_b = \pm 0.4$，$\varepsilon_c = \pm 0.5$，求长方体的体积 V 及体积的极限误差。

6-5　正态分布的随机误差的特点是什么?

6-6　进行温度测定实验，当温度稳定时，测定 15 次，所得数据如下：20.53、20.52、20.50、20.53、20.54、20.40、20.49、20.52、20.51、20.52、20.51、20.53、20.51、20.50、20.59。试采用 t 检验判据进行坏值剔除。

参考文献

[1] 陈建设. 冶金试验研究方法 [M]. 北京：冶金工业出版社，2005.
[2] 黄桂柱. 有色冶金试验研究方法 [M]. 北京：冶金工业出版社，1986.
[3] 赖茂生，等. 科技文献检索 [M]. 2 版. 北京：北京大学出版社，1994.
[4] 刘炜. 数字图书馆引论 [M]. 上海：上海科学技术文献出版社，2001.
[5] 江南大学图书馆. 数字图书馆 [M]. 北京：中国轻工业出版社，2007.

附录　相关系数检验表及 F 分布表、t 分布表

附表 1　相关系数检验表

$n-2$	α		$n-2$	α	
	0.05	0.01		0.05	0.01
1	0.997	1.000	21	0.413	0.526
2	0.950	0.990	22	0.401	0.515
3	0.878	0.959	23	0.396	0.505
4	0.811	0.917	24	0.388	0.496
5	0.754	0.874	25	0.381	0.487
6	0.707	0.834	26	0.374	0.478
7	0.666	0.798	27	0.367	0.47
8	0.632	0.765	28	0.361	0.463
9	0.602	0.735	29	0.355	0.456
10	0.576	0.708	30	0.349	0.449
11	0.553	0.684	35	0.325	0.418
12	0.532	0.661	40	0.304	0.393
13	0.514	0.641	45	0.288	0.372
14	0.497	0.623	50	0.273	0.354
15	0.482	0.606	60	0.250	0.325
16	0.468	0.590	70	0.230	0.302
17	0.456	0.575	80	0.217	0.283
18	0.444	0.561	90	0.205	0.267
19	0.433	0.549	100	0.195	0.254
20	0.423	0.537	200	0.138	0.181

附表 2　F 分布表（$\alpha=0.01$）　$P(F\geqslant F_\alpha)=\alpha$ 的 F_α 值

f_2	f_1						
	1	2	3	4	5	6	7
1	4052	4999	5403	5625	5764	5859	5928
2	98. 49	99. 01	99. 17	99. 25	99. 3	99. 33	99. 34
3	34. 12	30. 81	29. 46	28. 71	28. 24	27. 91	27. 67
4	21. 20	18. 00	16. 69	15. 98	15. 52	15. 21	14. 98
5	16. 21	13. 27	12. 06	11. 39	10. 97	10. 67	10. 45
6	13. 74	10. 92	9. 78	9. 15	8. 75	8. 47	8. 26
7	12. 25	9. 55	8. 45	7. 85	7. 46	7. 19	7. 00
8	11. 26	8. 65	7. 59	7. 01	6. 63	6. 37	6. 19
9	10. 56	8. 02	6. 99	6. 42	6. 06	5. 80	5. 62
10	10. 04	7. 56	6. 55	5. 99	5. 64	5. 39	5. 21
11	9. 65	7. 20	6. 22	5. 67	5. 32	5. 07	4. 88
12	9. 33	6. 93	5. 95	5. 41	5. 06	4. 82	4. 65
13	9. 07	6. 70	5. 74	5. 20	4. 86	4. 62	4. 44
14	8. 86	6. 51	5. 56	5. 03	4. 69	4. 46	4. 28
15	8. 68	6. 36	5. 42	4. 89	4. 56	4. 32	4. 14
16	8. 53	6. 23	5. 29	4. 77	4. 44	4. 20	4. 03
17	8. 40	6. 11	5. 18	4. 67	4. 34	4. 10	3. 93
18	8. 28	6. 01	5. 09	4. 58	4. 25	4. 01	3. 85
19	8. 18	5. 98	5. 01	4. 50	4. 17	3. 94	3. 77
20	8. 10	5. 34	4. 94	4. 43	4. 10	3. 87	3. 71
30	7. 59	5. 39	4. 51	4. 02	3. 70	3. 47	3. 30
40	7. 31	5. 18	4. 31	3. 83	3. 51	3. 29	3. 12
50	7. 17	5. 06	4. 20	3. 72	3. 41	3. 18	3. 02
∞	6. 64	4. 00	3. 78	3. 32	3. 02	2. 80	2. 64

续附表 2

f_2	f_1					
	8	9	10	20	30	∞
1	5981	6022	6056	6208	6258	6355
2	99.36	99.38	99.40	99.45	99.47	99.50
3	27.49	27.34	27.25	26.69	26.50	26.12
4	14.80	14.56	14.54	14.02	13.83	13.15
5	10.27	10.15	10.05	9.55	9.38	9.02
6	8.10	7.98	7.87	7.39	7.23	6.88
7	6.84	6.71	6.62	6.15	5.98	5.65
8	6.03	5.19	5.82	5.36	5.20	4.86
9	5.47	5.35	5.26	4.30	4.64	4.31
10	5.06	4.95	4.85	4.41	4.25	3.91
11	4.74	4.63	4.54	4.10	3.94	3.60
12	4.50	4.39	4.30	3.86	3.70	3.36
13	4.30	4.19	4.10	3.67	3.51	3.16
14	4.14	4.03	3.94	3.51	3.34	3.00
15	4.00	3.89	3.80	3.36	3.20	2.87
16	3.89	3.78	3.69	3.26	3.10	2.75
17	3.79	3.68	3.59	3.16	3.00	2.65
18	3.71	3.60	3.51	3.07	2.91	2.57
19	3.63	3.52	3.43	3.00	2.84	2.49
20	3.56	3.45	3.37	2.94	2.77	2.42
30	3.17	3.06	2.98	2.55	2.38	2.01
40	2.99	2.88	2.80	2.37	2.20	1.81
50	2.88	2.78	2.70	2.26	2.10	1.68
∞	2.51	2.41	2.32	1.87	1.69	1.00

附表 3　F 分布表(α=0.05)　$P(F \geqslant F_{\alpha})=\alpha$ 的 F_{α} 值

f_2	f_1						
	1	2	3	4	5	6	7
1	161	200	216	225	230	234	237
2	18.51	19.00	19.16	19.25	19.30	19.33	19.36
3	10.13	9.55	9.28	9.12	9.01	8.94	8.88
4	7.71	6.94	6.59	6.39	6.26	6.16	6.09
5	6.61	5.79	5.41	5.19	5.05	4.95	4.88
6	5.99	5.14	4.76	4.53	4.39	4.28	4.21
7	5.59	4.74	4.35	4.12	3.97	3.67	3.79
8	5.32	4.46	4.07	3.84	3.69	3.58	3.50
9	5.12	4.26	3.86	3.63	3.48	3.37	3.29
10	4.96	4.10	3.71	3.48	3.33	3.22	3.14
11	4.84	3.98	3.59	3.36	3.20	3.09	3.01
12	4.75	3.88	3.49	3.26	3.11	3.00	2.92
13	4.67	3.80	3.41	3.18	3.02	2.92	2.84
14	4.60	3.74	3.34	3.11	2.96	2.85	2.77
15	4.54	3.68	3.29	3.06	2.90	2.79	2.70
16	4.49	3.63	3.24	3.01	2.85	2.74	2.66
17	4.45	3.59	3.20	2.96	2.81	2.70	2.62
18	4.41	3.55	3.16	2.93	2.77	2.66	2.58
19	4.38	3.52	3.13	2.90	2.74	2.63	2.55
20	4.35	3.49	3.10	2.87	2.71	2.60	2.52
30	4.17	3.32	2.92	2.69	2.53	2.42	2.34
40	4.08	3.23	2.84	2.61	2.45	2.34	2.25
50	4.03	3.18	2.79	2.55	2.40	2.29	2.20
∞	3.84	2.99	2.60	2.37	2.21	2.09	2.01

续附表 3

f_2	f_1					
	8	9	10	20	30	∞
1	239	241	242	248	250	254
2	19.37	19.37	19.39	19.44	19.46	19.50
3	8.84	8.81	8.78	8.66	8.62	8.53
4	6.04	6.00	5.96	5.80	5.74	5.63
5	4.82	4.78	4.74	4.56	4.50	4.36
6	4.15	4.10	4.06	3.87	3.81	3.67
7	3.73	3.68	3.68	3.44	3.38	3.23
8	3.44	3.39	3.34	3.15	3.08	2.93
9	3.23	3.18	3.31	2.96	2.86	2.71
10	3.07	3.02	2.97	2.77	2.70	2.54
11	2.95	2.90	2.86	2.65	2.57	2.40
12	2.85	2.80	2.76	2.54	2.46	2.30
13	2.77	2.72	2.67	2.46	2.38	2.21
14	2.70	2.65	2.60	2.39	2.31	2.13
15	2.64	2.59	2.55	2.33	2.25	2.07
16	2.57	2.54	2.49	2.28	2.20	2.01
17	2.55	2.50	2.45	2.23	2.15	1.96
18	2.51	2.46	2.41	2.19	2.11	1.92
19	2.48	2.43	2.38	2.15	2.07	1.88
20	2.45	2.40	2.35	2.12	2.04	1.84
30	2.27	2.21	2.16	1.93	1.84	1.62
40	2.18	2.12	2.07	1.84	1.74	1.51
50	2.13	2.07	2.02	1.78	1.69	1.44
∞	1.94	1.88	1.83	1.57	1.46	1.00

附表 4　F 分布表(α=0.10)　$P(F \geqslant F_{\alpha})=\alpha$ 的 F_{α} 值

f_2	f_1						
	1	2	3	4	5	6	7
1	39.10	49.50	53.60	55.80	57.20	58.20	58.90
2	8.53	9.00	9.16	9.24	9.29	9.33	9.35
3	5.54	5.46	5.39	5.34	5.31	5.28	5.27
4	4.54	4.32	4.19	4.11	4.05	4.01	3.98
5	4.06	3.78	3.62	3.52	3.35	3.40	3.37
6	3.78	3.46	3.29	3.18	3.11	3.05	3.01
7	3.59	3.26	3.07	2.96	2.88	2.83	2.78
8	3.46	3.11	2.92	2.81	2.73	2.67	2.62
9	3.36	3.01	2.81	2.69	2.61	2.55	2.51
10	3.29	2.92	2.73	2.61	2.52	2.46	2.41
11	3.23	2.86	2.66	2.54	2.45	2.39	2.34
12	3.17	2.81	2.61	2.48	2.39	2.33	2.28
13	3.14	2.76	2.56	2.43	2.35	2.28	2.23
14	3.10	2.73	2.52	2.39	2.31	2.24	2.19
15	3.07	2.70	2.49	2.36	2.27	2.21	2.16
16	3.05	2.67	2.46	2.33	2.24	2.18	2.13
17	3.03	2.64	2.44	2.31	2.22	2.15	2.10
18	3.01	2.62	2.42	2.29	2.20	2.13	2.08
19	2.99	2.61	2.40	2.27	2.18	2.11	2.06
20	2.97	2.59	2.38	2.25	2.16	2.09	2.04
30	2.88	2.49	2.28	2.14	2.05	1.98	1.93
40	2.84	2.44	2.23	2.09	1.97	1.93	1.87
60	2.79	2.39	2.18	2.04	1.95	1.87	1.82
∞	2.71	2.30	2.08	1.94	1.85	1.77	1.72

续附表 4

f_2	f_1					
	8	9	10	20	30	∞
1	59.40	59.90	60.20	61.70	62.30	63.30
2	9.37	9.38	9.39	9.44	9.46	9.49
3	5.25	5.24	5.23	5.18	5.17	5.23
4	3.95	3.94	3.92	3.84	3.82	3.76
5	3.34	3.32	3.28	3.21	3.17	3.11
6	2.98	2.96	2.94	2.84	2.80	2.72
7	2.75	2.72	2.70	2.59	2.56	2.47
8	2.59	2.56	2.54	2.42	2.38	2.29
9	2.47	2.44	2.42	2.30	2.25	2.16
10	2.38	2.35	2.32	2.20	2.16	2.06
11	2.30	2.27	2.25	2.12	2.08	1.97
12	2.24	2.21	2.19	2.06	2.02	1.90
13	2.20	2.16	2.14	2.01	1.96	1.85
14	2.15	2.12	2.10	1.96	1.91	1.80
15	2.12	2.09	2.06	1.92	1.87	1.76
16	2.09	2.06	2.03	1.89	1.84	1.72
17	2.06	2.03	2.00	1.86	1.81	1.69
18	2.04	2.00	1.98	1.84	1.78	1.66
19	2.02	1.98	1.96	1.81	1.76	1.63
20	2.00	1.96	1.94	1.79	1.74	1.61
30	1.88	1.85	1.82	1.67	1.61	1.46
40	1.83	1.79	1.76	1.61	1.54	1.38
60	1.77	1.74	1.71	1.54	1.48	1.29
∞	1.67	1.63	1.60	1.42	1.34	1.00

附表 5　t 分布表($\alpha=0.05$)　$P(t\geq t_\alpha)=\alpha$ 的 t_α 值

f	α						
	0. 001	0. 01	0. 02	0. 05	0. 1	0. 2	0. 3
1	636. 619	63. 657	31. 821	12. 706	6. 314	3. 078	1. 963
2	31. 598	9. 925	6. 965	4. 303	2. 920	1. 886	1. 386
3	12. 924	5. 841	4. 511	3. 182	2. 353	1. 638	1. 250
4	8. 610	4. 604	2. 747	2. 776	2. 132	1. 533	1. 100
5	6. 850	4. 032	3. 365	2. 571	2. 015	1. 176	1. 156
6	5. 959	3. 707	3. 143	2. 447	1. 943	1. 44	1. 134
7	5. 405	3. 499	2. 998	2. 365	1. 895	1. 415	1. 119
8	5. 041	3. 355	2. 896	2. 306	1. 860	1. 397	1. 103
9	4. 781	3. 250	2. 821	2. 262	1. 833	1. 383	1. 100
10	4. 587	3. 169	2. 764	2. 228	1. 812	1. 372	1. 093
11	4. 437	3. 106	2. 718	2. 201	1. 796	1. 363	1. 088
12	4. 318	3. 055	2. 681	2. 179	1. 782	1. 356	1. 083
13	4. 221	3. 012	2. 65	2. 16	1. 771	1. 35	1. 079
14	4. 140	2. 977	2. 624	2. 145	1. 761	1. 345	1. 076
15	4. 073	2. 947	2. 602	2. 131	1. 758	1. 341	1. 074
16	4. 015	2. 921	2. 583	2. 120	1. 746	1. 337	1. 071
17	3. 965	2. 898	2. 567	2. 110	1. 740	1. 333	1. 069
18	3. 922	2. 878	2. 552	2. 101	1. 734	1. 330	1. 067
19	3. 883	2. 861	2. 539	2. 003	1. 720	1. 328	1. 066

续附表 5

f	α					
	0.4	0.5	0.6	0.7	0.8	0.9
1	1.376	1.000	0.727	0.510	0.325	0.158
2	1.061	0.316	0.617	0.445	0.289	0.142
3	0.978	0.765	0.584	0.424	0.277	0.137
4	0.941	0.741	0.569	0.414	0.271	0.134
5	0.920	0.727	0.559	0.408	0.267	0.132
6	0.006	0.718	0.553	0.404	0.265	0.131
7	0.896	0.711	0.549	0.402	0.263	0.130
8	0.889	0.706	0.546	0.399	0.262	0.130
9	0.883	0.703	0.543	0.398	0.261	0.129
10	0.879	0.700	0.542	0.397	0.260	0.129
11	0.876	0.697	0.540	0.396	0.260	0.129
12	0.873	0.695	0.539	0.395	0.259	0.128
13	0.870	0.694	0.538	0.394	0.259	0.128
14	0.868	0.692	0.537	0.393	0.258	0.128
15	0.866	0.691	0.536	0.393	0.258	0.128
16	0.865	0.690	0.535	0.392	0.258	0.128
17	0.863	0.689	0.534	0.392	0.257	0.128
18	0.862	0.688	0.534	0.392	0.257	0.127
19	0.861	0.688	0.533	0.391	0.257	0.127